废

老 祖 宗 的 处 世 智 慧

吴晗 —— 著

书

苏州新闻出版集团

古吴轩出版社

图书在版编目（CIP）数据

度势：老祖宗的处世智慧 / 吴晗著. -- 苏州：古
吴轩出版社, 2024.5（2024.8重印）
ISBN 978-7-5546-2355-8

Ⅰ.①度… Ⅱ.①吴… Ⅲ.①人生哲学 - 中国 - 古代
Ⅳ.①B821.22

中国国家版本馆CIP数据核字(2024)第076012号

责任编辑：俞　都
见习编辑：刘雨馨
策　　划：余　晟
装帧设计：日　尧

书　　名：度势——老祖宗的处世智慧
著　　者：吴　晗
出版发行：苏州新闻出版集团
　　　　　古吴轩出版社
　　　　　地址：苏州市八达街118号苏州新闻大厦30F
　　　　　电话：0512-65233679　　邮编：215123
出 版 人：王乐飞
印　　刷：河北朗祥印刷有限公司
开　　本：880mm×1230mm　1/32
印　　张：7
字　　数：149千字
版　　次：2024年5月第1版
印　　次：2024年8月第2次印刷
书　　号：ISBN 978-7-5546-2355-8
定　　价：49.80元

《度势——老祖宗的处世智慧》编辑说明

本书以中国人民大学出版社2009年版《吴晗全集》为底本，选取其中部分文章加以编纂而成。全书正文内容以《吴晗全集》为准，部分文章内容有所删减，段落有所调整，全书古代年号统一加注公元纪年。本书所节选的吴晗先生相关文字具体出处如下：

1.《论皇权：皇亲国戚不好当，干政容易惹麻烦》原载于《观察》第4卷第6期，1948年4月3日

2.《主奴之间：君君臣臣那一套实乃专制统治的基石》原载于《历史的镜子》，1946年8月生活书店

3.《治人与法治：道德很关键，法律更重要》原载于《历史的镜子》，1946年8月生活书店

4.《历史上的君权的限制：皇上下命令，也要走程序》原载于《历史的镜子》，1946年8月生活书店

5.《大明帝国和明教：当了皇帝，翻脸可比翻书快》原载于《中国建设》第六卷第三、四期，1948年6月

6.《农民被出卖了：从反对地主到同污合流》原载于《中国建设》第六卷第三、四期，1948年6月

7.《新仕宦阶级：大明体制内的既得利益团体》原载于《明史

研究论丛》1991年第2辑

8.《科举和学校：进入仕宦阶级的梯子》原载于《明史研究论丛》1991年第2辑

9.《论士大夫：墙头草，随风倒》原载于《皇权与绅权》，1948年12月观察社

10.《论绅权：士绅特权多，平民难翻身》原载于《时与文》第3卷第1期，1948年4月

11.《晚明仕宦阶级的生活：权贵的奢侈你想象不来》原载于《大公报·史地周刊》第三十一期，1935年4月19日

12.《官僚政治的故事："多碰头，少说话"，能推脱就推脱》原载于《人民日报》，1959年6月16日

13.《贪污史例：捞钱的套路还真多》原载于《历史的镜子》，1946年8月生活书店

14.《阵图和宋辽战争：屡战屡败只好屡败屡战，都是阵图闯的祸》原载于《灯下集》，1960年三联书店

15.《论夷陵之战：感情用事实乃决策大忌》原载于《北京日报》，1963年6月27日

16.《古代的战争：打仗可不止比拼武力》原载于《灯下集》，1960年三联书店

18.《斗将的武艺：战将之间的对决，关键的当然是武艺》原载于《灯下集》，1960年三联书店

19.《戚继光练兵：实事求是乃名将的基本素养》原载于《人民日报》，1962年5月29日

20.《炮：古代军队攻坚的主要武器》原载于《人民日报》，1959年3月17日

21.《明代的火器：冷兵器的淘汰，明朝就开始了》原载于《灯下集》，1960年三联书店

22.《明初大一统和分化政策：朝廷与藩属，和平相处最关键》原载于《朱元璋传》，1949年三联书店

23.《明太祖的祖训：永不攻打的十五藩国》原载于《明史》（未完稿），写于20世纪40年代

24.《郑和下西洋：三宝太监是否肩负特殊使命》原载于《明史简述》，1980年中华书局

25.《论奴才——石敬瑭父子：明明年长十岁，却要甘当儿子》原载于《史事与人物》，1948年10月生活书店

26.《宋元以来老百姓的称呼：一辈子没大名，过去挺常见》原载于《灯下集》，1960年三联书店

27《南人与北人：地域矛盾这个问题，古代就有》原载于《禹贡》第五卷第一期，1936年

28.《古人的坐跪拜：古人的膝盖为啥软？还得从坐姿说起》原载于《学习集》，1963年2月北京出版社

29.《古代的服装及其他：古代穿衣有讲究，穿错可能挨杀头》

原载于《灯下集》，1960年三联书店

30.《从幞头说起：古代头巾有几款？复杂数不清》原载于《学习集》，1963年2月北京出版社

31.《度牒：宋朝和尚特权多，出家还得花大钱》原载于《灯下集》，1960年三联书店

32.《古人读书不易：上学不但没课本，还得想法自个抄》原载于《灯下集》，1960年三联书店

目　录

第三章　上战场：头脑得活泛

第四章　搞外交：身段要灵活

第五章　生活篇：于细微之处见历史

第一章

做皇帝：权衡利弊是门大学问

论皇权：皇亲国戚不好当，干政容易惹麻烦

谁在治天下

在论社会结构里所指的皇权，照我的理解应该是治权。历史上的治权不是由于人民的同意、委托，而是由于凭借武力的攫权、独占。也许我所用的"历史"两个字有语病，率直一点说，应该修正为"今天以前"。我的意思是说，在今天以前，任何朝代、任何形式的治权，都是片面形式的，绝对没有经过人民的任何形式的同意。

假如把治权的形式分期来说明，秦以前是贵族专政，秦以后是皇帝独裁，最近几十年是军阀独裁。"皇权"这一名词的应用，限于第二时期，时间的意义是从公元前221年到公元1911年，有2100多年的历史。

皇权是今天以前治权形式的一种，统治人民的时间最长，所加于人民的祸害最久，阻碍社会进展的影响最大，离今天最近，因之，在现实社会里，自觉的或不自觉的毒素中得也最深。例子多得很，袁世凯不是在临死以前，还要过八十三天的皇帝瘾吗？溥仪不

是在逊位之后，还在宫中作他的皇帝，后来又跑到东北，在日本卵翼之下，建立伪满洲国，作了几年康德皇帝吗？不是一直到今天，乡下人还在盼望真命天子坐龙庭，少数的城里人也还在想步袁世凯的覆辙吗？

在封建的宗法制度下，无论是贵族专政，是皇帝独裁，是军阀独裁，都是以家族作单位来统治的，都是以血统的关系来决定继承的原则的。一家的家长（宗主）是统治权的代表人，这一家族的荣辱升沉，废兴成败，一切的命运决定于这一个代表人的成败。在隋代有一个笑话，说是某地的一个地主，想作皇帝，招兵买马，穿了龙袍，占了一两个城市，战败被俘，在临刑时，监斩官问他，你父亲呢？说太上皇蒙尘在外。兄弟呢？征东将军死于乱军之中，征西将军不知下落。他的老婆在旁骂："都是这张嘴，闹到如此下场！"他说："皇后，崩即崩耳，世上岂有万年天子？"说完伸脖子挨刀，倒也慷慨。这一个历史故事指出为了作几天、作一两个城市的皇帝，有人愿意付出一家子生命的代价。为了这一家子的皇权迷恋，又不知道有几百千家被毁灭、屠杀。

"成则为王，败则为寇。"流氓刘邦，强盗朱温，流氓兼强盗的朱元璋，作了皇帝，建立皇朝以后，史书上不都是太祖高皇帝吗？谥法不都是圣神文武钦明启运俊德成功，或者类此的极人类好德性的字眼吗？黄巢、李自成呢？失败了。是盗、是贼、是匪、是寇，尽管他们也作过皇帝。旧史家是势利的。不过也说明了一点，在旧史家的传统概念里，军事的成败决定皇权的兴废，这一点是无可置疑的。

明代皇帝的宫廷生活（《明宪宗元宵行乐图》）

皇帝执行片面的治权，它代表着家族的利益，但是，并不代表家族执行统治。换言之，这个治权，不但就被治者说是片面强制的，即就治者集团说，也是独占的、片面的。即使是皇后、皇太子、皇兄皇弟，甚至太上皇、太上皇后，就对皇帝的政治地位而论，都是臣民，对于如何统治是不许参加意见的；一句话，在家庭里，皇帝也是独裁者。正面的例子，如刘邦作了皇帝，他老太爷依然是平民，叨了人的教，让刘邦想起，才尊为太上皇，除了过舒服日子以外，什么事也管不着。反面的例子，石虎的几个儿子过问政事，一个个被石虎所杀。李唐创业是李世民的功劳，虽然捧他父亲李渊作了些年皇帝，末了还是来一手逼宫，杀兄屠弟，硬把老头子挤下宝座。又如武则天要作皇帝，杀儿子，杀本家，一点也不容情。宋朝的基业是赵匡胤打的，兄弟赵匡义也有功劳，赵匡胤作皇帝年代太久了，"烛影斧声"，赵匡义以弟继兄。后来赵匡胤的次子德昭，在北征后请皇帝行赏，也只是一个建议而已，匡义大怒说，等你作皇帝，爱怎么办就怎么办！一句话逼得德昭只好自杀。从这些例子，可以充分说明皇权的独占性和片面性。权力的占有欲超越了家庭的感情，造成了无量数骨肉相残的史例。

皇帝不和他的家人共治天下，那么，到底和谁共治呢？有一个著名的故事，可以答复这个问题，和皇帝治天下的是士大夫。故事的出处是宋李焘《续资治通鉴长编》卷二二一。

熙宁四年（公元1071年）三月戊子，上召二府对资政殿，文彦博言："祖宗法制具在，不须更张，以失人心。"上曰："更张法制，于士大夫诚多不悦，然于百姓何所不便。"彦博曰："为与士大夫治天下，非与百姓治天下也。"上曰："士大夫岂尽以更张为非，亦自有以为当更张者。"

这故事的有意义，在于第一，辩论的两方都同意，皇权的运用是与士大夫治天下，非与百姓治天下。第二，文彦博所说的失人心，宋神宗承认是于士大夫诚多不悦，人心指的是士大夫的心。第三，文彦博再逼紧了，宋神宗就说士大夫也有赞成新法的，不是全体反对。总之，尽管双方对于如何巩固皇权——即保守的继承传统制度或改革的采用新政策的方案有所歧异，但是，对于皇权是与士大夫治天下，皇权所代表的是士大夫的利益，决非百姓的利益，这一基本的看法是完全一致的。

那么，为什么皇帝不与家人治天下，反而与无血统关系的外姓人士大夫治天下呢？理由是家人即使是父子、兄弟、夫妇，假如与皇帝治天下的话，会危害到皇权的独占性、片面性，"太阿倒持"是万万不可以的。其次，士大夫是帮闲的一群，是食客，他们的利害和皇权是一致的，生杀予夺之权在皇帝之手，作耳目，作鹰犬，六辔在握，驱使自如，士大夫愿为皇权所用，又为什么不用？而且，可以马上得天下，不能以马上治天下，马上政府是不存在的。治天下得用官僚，官僚非士大夫不可，这道理不是极为明白吗？

士大夫治天下也就是社会结构里的绅权，这问题留在《论绅权》一文时再说。

皇权有约束吗？

皇权有没有被约束呢？费孝通先生说有两道防线，一道是无为政治，使皇权有权而无能。一道是绅权的缓冲，在限制皇权、使民间的愿望能自下上达的作用上，绅权有他的重要性。（这条防线不但不普遍，而且不常是有效的。）于此，我们来讨论费孝通先生所指的第一道防线。

假如费先生所指的无为政治的意义，即上文所引的文彦博的话："祖宗法制具在，不须更张"。因承祖先的办法，不求有利，但求无弊，保守传统的政治原则，我是可以同意的。或者如另一例子，《汉书·曹参传》说他从盖公学黄老治术，相齐九年，大称贤相，萧何死，代为相国，一切事务，无所变更，都照萧何的老办法做，择郡国吏谨厚长者作丞相史，有人劝他作事，就请其喝酒，醉了完事。汉惠帝怪他不治事，他就问："你可比你父亲强？"说："差多了。""那么，我跟萧何呢？""也似乎不如。"曹参说："好了。既然他俩都比我俩强，他俩定的法度，你，垂拱而治，少管闲事；我，照老规矩做，不是很好吗？"这是无为政治典型的著例。这种思想，一直到17世纪前期，像刘宗周、黄道周一类的官僚学者，还时时以"法祖"这一名词，来劝主子恪遵祖制。假如无为政治的定义是法祖，我也可以同意的。

成问题的是无为政治并不是使皇帝有权而无能的防线。

相反，无为政治在官僚方面说，是官僚作官的护身符，不求有功，但求无过，好官我自为之，民生利弊与我何干，因循、敷衍、颟顸、不负责任等官僚作风，都从这一思想出发。一句话，无为政治即保守政治，农村社会的保守性、惰性，反映到现实政治，加上美丽的外衣，就是无为政治了。（关于这一点，无为政治和农业的关系，我在另一文章《农业与政治》上谈到过。）

明代的官廷（《明宪宗元宵行乐图》）

　　在皇帝方面说，历史上的政治术语是法祖。法祖的史例很多，一类如宋代的不杀士大夫，据说宋太祖立下遗嘱"不杀士大夫"。从太祖以后，大臣废逐，最重的是过岭，即谪戍到岭南去，没有像汉朝那样朝冠朝衣赴市，说杀就杀，不是下狱，就是强迫自裁。甚至如明代的夏言正刑西市。为什么宋代特别优礼士大夫呢？因为宋代皇帝是"与士大夫治天下"。一种例如明代的东西厂和锦衣卫，两个恐怖的特务机构，卫是明太祖创设的，厂则从明成祖开头，这两个机构作的孽太多了，配说祸"国"殃民（这个"国"严格的译文是皇权），反对的人很多，当然以士大夫为主体，因为士大夫也和平民一样，在厂卫的淫威之下战栗恐惧。可是在祖制的大帽子下，这两个机构始终废除不掉。到明代中期，士大夫们不得已而求其次，用祖制来打祖制，说是祖制提人（逮捕）必须有驾帖或精微批文（逮捕状），如今厂卫任意捉人，闹得人人自危，要求恢复祖制，捉人得凭驾帖。这样，两个祖制打了架，士大夫们在逻辑上已经放弃原来的立场，默认特务可以逮捕官民，只不过要有逮捕状罢了。前一例因为与士大夫治天下，所以优礼士大夫，政治上失宠失势的不下狱、不杀头，只是放逐到气候风土特别坏的地方，让他死在那里（宋代大臣过岭生还的是例外），从而争取士大夫的支持。后一例子，时代不同了，士大夫不再是伙计，而是奴才，要骂就骂，要打就打，廷杖啦、站笼啦，抽筋剥皮，诸般酷刑，应有尽有，明杀暗杀，情况不同，一落特务之手，决无昭雪之望，祖制反而成为残杀士大夫的工具了。

从这类例子来看，无为政治——法祖并不是使皇权有权而无能的防线。

从另一方面看，祖先的办法、史例，有适合于提高或巩固皇权的，历代的皇帝往往以祖制的口实接受运用。反之，只要他愿意作什么，就不必管什么祖宗不祖宗了。例如要加收田赋，要打内战，要侵略边境弱小民族，要盖宫殿，等等，一道诏书就行了。好像明武宗要南巡，士大夫们说不行，祖宗没有到南边去玩过，不听，集体请愿，大哭大闹，明武宗发了火，叫都跪在宫外，再一顿板子，死的死，伤的伤，无为政治不灵了，年青皇帝还是到南边去大玩了一趟。

那么，除祖宗以外，有没有其他的制度或办法来约束或防止皇权的滥用呢？我曾经指出：第一有敬天的观念，皇帝在理论上是天子，世上没有比他再富于威权的人，他作的事不会错，能指出他错的只有比他更高的上帝。上帝怎么来约束他的儿子呢？用天变来警告，例如日食、山崩、海啸，以及风水火灾、疫疠之类都是。从《洪范》发展到诸史的五行志，从董仲舒的学说发展到刘向的灾异论，天人合一，天灾和人事相适应，士大夫们就利用这个来作政治失态的警告。但是，这着棋是不灵的，天变由你变之，坏事还是要做，历史上虽然有在天变时，作皇帝的有易服、避殿、素食、放囚，以至求直言的诸多记载，也只是宗教和政治合一的仪式而已，对实际政治是不能发生改变的。

第二是议的制度，有人以为两汉以来，国有大事，由群臣集议，博士儒生都可发表和政府当局相反的意见，以至明代的九卿集议，清代的王大臣集议，是庶政公之舆论，是皇权的约束。其实，并不如此。第一，参加集议的都是官僚，都是士大夫。第二，官越高的发言的力量愈大。第三，集议的正反结论，最后还是取决于皇帝个人。第四，议只是皇权逃避责任的一种制度，例如清代雍正帝要杀他的兄弟，怕人说闲话，提出罪状叫王大臣集议，目的达到了，杀兄弟的道德责任由王大臣集议而减轻。由此，与其说这制度是约束皇权的，毋宁说它是巩固皇权的工具。

此外，如隋唐以来的门下封驳制度、台谏制度，在官僚机构里，用官僚代表对皇帝诏令的同意副署，来完成防止皇权滥用的现象，一切皇帝的命令都必需经过中书起草，门下审核封驳，尚书施行的连锁行政制度，只存在于政治理论上，存在于个别事例上。所谓"不经凤阁鸾台，何谓为敕？"诏令不经过中书、门下的，不发生法律效力。可是，说这话的人，指斥这手令（墨敕斜封）政治的人，就被这个手令杀死，不正是对这个制度的现实讽刺吗？又如谏官，职务是对人主谏诤过举，听不听是绝无保证的。传说中龙逢、比干谏而死，是不受谏的例，史书上的魏徵、包拯直言尽谏，英明的君主如唐太宗、宋仁宗明白谏官的用意是为他好，有受谏的美名，其实，不受谏的史例更多。谏诤的目的在于维护政权的持续，说是忠君爱主，其实也就是爱自己的官位财产，因为假如这个皇权垮了，他们这一集团的士大夫也必然同归于尽也。

从上文的说明，所得到的结论：皇权的防线是不存在的。虽然在理论上，在制度上，曾经有过一套以巩固皇权为目的的约束办法，但是，都没有绝对的约束力量。

假如从另一角度来看，上文所说的这一些，也许正是费孝通先生所说的绅权的缓冲。不同的是我所指的这一些并不代表民间的愿望，至多只能说是士大夫的愿望，其方向也不是由下而上的，而是皇权运用的一面。这些约束不但不普遍，而且是常常无效的。

主奴之间：君君臣臣那一套实乃专制统治的基石

（一）

奴才有许多等级，有一等奴才，有二等奴才，也有奴才的奴才，甚至有奴才的奴才的奴才。

我们的人民，自来是被看作最纯良的奴才的。"不可使知之"，是一贯的对付奴才的办法，就是"民为邦本，本固邦宁"，和"民为贵，社稷次之，君为轻"一套话，虽然曾被主张中国式的民主的学者们，解释为民主，民权，以至民本，等等。其实拆穿了，正是一等或二等奴才替主人效忠，要吃蛋当心不要饿瘦，或者杀死了母鸡，高抬贵手，留得青山在，不怕没柴烧，图一个长久享用的毒辣主意。证据是"有劳心，有劳力，劳心者食于人，劳力者食人"。老百姓应该养贵族，没有老百姓，贵族哪得饭吃！

老百姓是该贡献一切，喂饱主人的，其他的一切，根本无权过问，要不然，就是大逆不道。六百年前一位爽直的典型的主子，流氓头儿朱元璋曾毫不粉饰地说出这样的话，《明太祖实录》卷一百五十：

洪武十五年（公元1382年）十一月丁卯，上命户部榜谕两浙江西之民曰：为吾民者当知其分。田赋力役出以供上者，乃其分也。能安其分，则保父母妻子，家昌身裕，为忠孝仁义之民，刑罚何由及哉！近来两浙江西之民多好争讼，不遵法度，有田而不输租，有丁而应役，累其身以及有司，其愚亦甚矣！曷不观中原之民，奉法守分，不妄兴词讼，不代人陈诉，惟知应役输租，无烦官府，是以上下相安，风俗淳美，共享太平之福，以此较彼，善恶昭然。今特谕尔等，宜速改过从善，为吾良民，苟或不悛，则不但国法不容，天道亦不容矣！

"分"译成现代话，就是义务，纳税力役是人民的义务，能尽义务的是忠孝仁义之民。要不，刑罚一大套，你试试看，再不，你不怕国法总得怕天，连天地也不容，可是见义务之不可不尽。至于义务以外的什么，现代人所常提的什么民权，政治上的平等，经济上的平等，等等。不但主子没有提，连想也没有想到。朱元璋这一副嘴脸，被这番话活灵活现地画出来了。

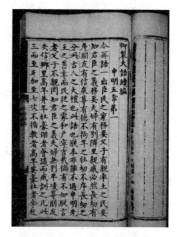

《明大诰》又名《御制大诰》，是朱元璋亲自编纂的一部重刑法令。用以严惩臣民犯罪，弥补律文的不足

朱元璋为什么单指两浙江西的人民说，明白得很，这是全国的谷仓，人口也最稠密。拿这个比那个，也还是指桑骂槐的老办法。其实，中原之民也不见得比东南更奴化，不过为了对衬，这么说说而已。

（二）

在古代，主子和奴才的等级很多，举例说，周王是主子，诸侯是奴才。就诸侯说，诸侯是主子，卿大夫又是他的奴才。就卿大夫说，卿大夫是主子，他的家臣是奴才。就家臣说，家臣是主子，家臣的家臣又是奴才。就整个上层的统治者说，对庶民全是主人，庶民是奴才，庶民之下，也还有大量的连形式上都是奴才的奴隶。

主奴之间的体系是剥削关系，一层吃一层，也就是一层养一层，等到奴才有了自觉，我凭什么要白养他，一层不肯养一层，愈下层的人愈多，正如金字塔一样，下面的础石不肯替上层驮起，哗啦一下，上层组织整个垮下来，历史也就走进一个新阶段了。

这时期主奴关系的特征，除了有该尽义务的庶民和奴隶以外，上层的主子（除王以外，同时又是奴才），全有土地的基础，大小虽不等，却都有世世继承的权利。跟着土地继承下来的是政治，社会上法律上的特殊的固定的地位。因之，所谓主奴只有相对的区分，都是土地领主，主子是大领主，奴才是小领主。也就是世仆。

一层层互为君臣，构成一个剥削系统。

维护这个剥削系统的理论，叫作忠。一层服从一层，奴才应该养主子。在这系统将要垮的时候，又提出正名，君君臣臣父父子子，主子永远是主子，奴才永远是奴才。又提出尊王，最上层的主子被尊重了，下几层的主子自然也会同样被尊重，他们的利益就全得到保障。用现代话说，也就是维持阶级制度，维持旧时的剥削系统。

在这系统下，互为主奴的领主，在利害上是一致的，因之，主奴的形式的对立就不十分显明。而且，这金字塔式的系统，愈下层基础就愈宽，人数愈多，力量愈大，因之，在政治上，很容易走上君不君臣不臣，诸侯和王对立，卿大夫和诸侯对立，家臣和卿大夫对立的局面。

假如我们抛开后代所形成的君臣的观念，纯粹从经济基础来看上古时代的剥削系统，可以下这样一个结论，就是那时代的主奴关系，是若干小领主和大领主的关系，大小虽然不同，在领主的地位上说是一样的。而且，因为分割的缘故，名义上最大的领主，事实上反而占有土地最少。因之，他所继承的最高地位是一个权力的象征，徒拥武器。实权完全在他的奴才，分取他的土地的卿大夫手上，家臣手上。因之，主奴又易位了，奴才当家，挟天子以令诸侯，陪臣执国政，名义上的奴才是实质上的主人。

出主入奴，亦主亦奴，是主而奴，是奴而主，奴主之间，怕连他们自己也闹不十分清楚。

治人与法治：道德很关键，法律更重要

历史上的政治家经常提到一句话："有治人，无治法。"意思是徒法不足以为治，有能运用治法的治人，其法然后足以为治。法的本身是机械的，是不能发生作用的，譬如一片沃土，辽廓广漠，虽然土壤是十分宜于种植，气候也合宜，假如不加以人力，这片地还是不能发生生产作用。假如利用这片土地的人不是一个道地有经验的农人，一个种植专家，而是一个博徒，游手好闲的纨绔子弟，一曝十寒，这片地也是不会有好收成的。反之，这块好地如能属于一个勤恳精明的老农，有人力，有计划，应天时，顺地利，耕耨以时，水旱有备，丰收自然不成问题。这句话不能说没有道理，就历史的例证看，有治人之世是太平盛世，无治人之世是衰世乱世。因之，有些人就以之为口实，主张法治不如人治。

反之，也有人主张："有治法，无治人。"法是鉴往失，顺人情，集古圣先贤遗教，全国聪明才智之士的精力，穷研极讨所制成的。法度举，纪纲立，有贤德的领袖固然可以用法而求治，相得益彰，即使中才之主，也还可以守法而无过举。法有永久性，假定是环境不变的时候，法也有伸缩性，假定环境改变了，前王后王不相因，变法以合时宜所以成后王之治，法之真精神真作用即在其能变。所谓变是因时以变，而不是因人以变，至于治人则间世不多得，有治人固然能使世治，但是治人未必能有治人相继，尧舜都是治人，其子丹朱、商均却都不肖，晋武帝、宋文帝都是中等的君主，晋惠帝却是个白痴，元凶劭则禽兽之不若。假使纯以人治，无大法可守，寄国家民族的命运于不肖子白痴低能儿枭獍之手，其危险不问可知。以此，这派人主张法治，以法纲纪国家，全国人都应该守法。君主也不能例外。

就人治论者和法治论者所持论点而论，两者都有其颠扑不破的理由，也都有其论据上的弱点。问题是人治论者的治人从何产生，在世业的社会组织下，农之子恒为农，父兄之教诲，邻里之启发。日兹月兹，习与性成，自然而然会成为一个好农人，继承父兄遗业，纵然不能光大，至少可以保持勿失。治人却不同了，子弟长于深宫，习于左右，养尊处厚，不辨菽麦，不知人生疾苦，和现实社会完全隔绝，中才以上的还肯就学，修身砥砺，有一点教养，却无缘实习政事，一旦登极执政，不知典故，不识是非，任喜怒爱憎，用左右近习，上世的治业由之而衰，幸而再传数传，一代不如一代，终致家破国灭，遗讥史册。中才以下的更不用说了，溺于邪佞，移于嬖幸，骄悍性成，暴恣自喜，肇成祸乱，身死国危，史例之多，不可胜举。治人不世出，治人之子不必贤，而治人之子却依法非治国不可，这是君主世袭制度所造成的人治论者的致命打击。法治论者的缺点和人治论者一样，以法为治固然是天经地义，问题是如何使君主守法，过去的儒家、法家都曾费尽心力，用天变来警告，用人言来约束，用谏官来谏诤，用祖宗成宪来劝导。可是这些方法只能诱引中才以上的君主，使之守法，对那些庸愚刚愎的下才，就无能为力了，法无废君之条，历史上偶尔有一两个例子：如伊尹放太甲，霍光废昌邑，都是不世出的惊人举动，为后来人所不敢效法。君主必须世袭，而世袭的君主不必能守法，虽有法而不能守，有法等于无法，法治论者到此也技穷而无所措手足了。

这两派持论的弱点到这世纪算是解决了，解决的枢纽是君主世袭制度的废除。就人治论者说，只要有这片地，就可以找出一个最合于开发这片地的条件的治人，方法是选举。选出的人干了几年无成绩或成绩不好，换了再选一个。治人之后必选治人相继，选举治人的全权操在这片地的全数主人手上。法治论者的困难也解决了，由全数主人建立一个治国大法，然后再选出能守法的治人，使之依法管理，这被选人如不守法，可由全数主人的公意撤换，另选一个能守法的继任，以人治，亦以法治，治人受治于法，治法运用于治人，由治法而有治人，由治人而励行法治，人治论者和法治论者到此合流了，历史上的争辩告一解决了。

就历史而论，具有现代意义的治法的成文法，加于全国国民的有各朝的法典，法意因时代而不同，其尤著者有唐律和明律。加于治国者虽无明文规定，却有习俗相沿的两句话："国以民为本，民以食为天。"现代的宪法是被治者加于治国者的约束，这两句话也正是过去国民加于治国者的约束。用这两句话来作尺度，衡量历史上的治国者，凡是遵守约束的一定是治人，是治世，反之是敌人，是乱世。这两句话是治法，能守治法的是治人。治人以这治法为原则，一切施政，以民为本，裕民以足食为本，治民以安民为本，事业以国民的利害定取舍从违，因民之欲而欲之，因民之恶而恶之，这政府自然为人民所拥戴爱护，国运也自然炽盛隆昌。

历史上的治人试举四人作例子说明，第一个是汉文帝，第二是魏太武帝，第三是唐太宗，第四是宋太祖。

汉文帝之所以为治人，是在他能守法和爱民。薄昭是薄太后弟，文帝亲舅，封侯为将军，犯法当死，文帝绝不以至亲曲宥，流涕赐死，虽然在理论上他是有特赦权的。邓通是文帝的弄臣，极为宠幸，丞相申屠嘉以通小臣戏殿上大不敬，召通诘责，通叩头流血不解，文帝至遣使谢丞相，并不因幸臣被屈辱而有所偏护。至于对人民的爱护，更是无微不至，劝农桑，敦孝弟，恭俭节用，与民休息，达到了海内殷富、刑罚不用的境界。

魏太武帝信任古弼，古弼为人忠慎质直。有一次为了国事见太武帝面奏，太武帝正和一贵官下围棋，没有理会，古弼等得不耐烦，大怒，起捽贵官头，掣下床，搏其耳，殴其背，数说朝廷不治，都是你的罪过，太武帝失容赶紧说，都是我的过错，和他无干。忙谈正事，古弼请求把太宽的苑囿，分大半给贫民耕种，也满口答应。几月后太武帝出去打猎，古弼留守，奉命把肥马做猎骑，古弼给的全是瘦马，太武帝大怒说，笔头奴敢克扣我，回去先杀他（古弼头尖，太武帝称其为笔头）。古弼却对官属说，打猎不是正经事，我不能谏止，罪小。军国有危险，没有准备，罪大。敌人近在塞外，南朝的实力也很强，好马应该供军，弱马供猎，这是为国家打算，死了也值得。太武帝听了，叹息说："有臣如此，国之宝也。"过了几日，又去打猎，得了几千头麋鹿，兴高采烈，派人叫古弼征发五百乘民车来运，使人走后，太武帝想了想，吩咐左右曰，算了吧，笔公一定不肯，还是自己用马运吧。回到半路，古弼的信也来了，说正在收获，农忙，迟一天收，野兽鸟雀风雨侵耗，损失很大。太武帝说，果不出我所料，笔公真是社稷之臣。他不但为民守法，也为国执法，以为法是应该上下共守，不可变易，明于刑赏，赏不遗贱，刑不避亲。大臣犯法，无所宽

虚心纳谏的唐太宗（《唐太宗纳谏图》）

假，节俭清素，不私亲戚，替国家奠定下富强的基础。

唐太宗以武勇定天下，治国却用文治。内举不避亲，外举不避雠，长孙无忌是后兄，王珪、魏徵都是仇敌，却全是人才，一例登用，无所偏徇顾忌，忧国爱民，至公守法。《唐史》记："上以选人多诈冒资荫，敕令自首，不首者死。未几有诈冒事觉者，

千古名臣魏徵
（《历代圣贤名人像册》）

上欲杀之，大理少卿戴胄奏据法应流，上怒曰，卿欲守法而使朕失信？对曰，敕者出于一时喜怒，法者国家所以布大信于天下也。陛下忿选人之多诈，故欲杀之，而即知其不可，复断之以法，此乃忍小忿而全大信也。上曰，卿能执法，朕复何忧。"又："安州都督吴王恪数出畋猎，颇损居人，侍御史柳范奏弹之，恪坐免官，削户三百。上曰，长史权万纪事吾儿，不能匡正，罪当死，柳范曰，房玄龄事陛下，犹不能止畋猎，岂得独罪万纪。上大怒，拂衣而入。久之，独引范谓曰：何面折我！对曰，陛下仁明，臣敢不尽愚直，上悦。"前一事他能捐一时之喜怒，听法官执法。后一事爱子犯法，也依法削户免官，且能容忍侍臣的当面折辱。法平国治，贞观之盛的基础就建筑在守法这一点上。

宋太祖出身于军伍，也崇尚法治。《宋史》记："有群臣当迁官，太祖素恶其人不与，普坚以为请，太祖怒曰，朕固不为迁官，卿若如何？普曰：刑以惩恶，赏以酬功，古今通道也。且刑赏天下之刑赏，非陛下之刑赏，岂得以喜怒专之！太祖怒甚起，普亦随之，太祖入宫，普立于宫门口，久之不去，太祖卒从之。"皇后弟杀人犯法，依法处刑，绝不宽贷，群臣犯赃，诛杀无赦。

从上引四个伟大的治人的例子，说明了治人之所以使国治，是遵绳于以民为本的治法，治法之所以为治，是在治人之尊重与力行。治人无常而治法有常。治人或不能守法，即有治法的代表者执法以使其就范，贵为帝王，亲为帝子，元舅后弟，宠幸近习，在尊严的治法之下，都必须奉法守法，行法从上始，风行草偃，在下的国民自然兢兢业业，政简刑清，移风易俗，臻于至治了。

就历史的教训以论今日，我们不但要有治法，尤其要有治人。治人在历史上固不世出，在民主政治的选择下，却可以世出继出。治人之养成，选出罢免诸权之如何运用，是求治的先决条件。使有治法而无治人，等于无法，有治人而无治法，无适应时宜的治法，也是缘木求鱼，国终不治。

治人与治法的合一，一言以蔽之，曰实行民主政治。

历史上的君权的限制：皇上下命令，也要走程序

近四十年来，坊间流行的教科书和其他书籍，普遍有一种误解，以为在民国成立以前，几千年来的政体全是君主专制的，甚至全是苛暴的、独裁的、黑暗的，这话显然有错误。在革命前后持这论调以攻击君主政体，固然是一个合宜的策略，但在现在，君主政体早已成为历史陈迹的现在，我们不应厚诬古人，应该平心静气地还原其本来的面目。

过去两千年的政体，以君主（皇帝）为领袖，用现代话说是君主政体，固然不错，说全是君主专制却不尽然。至少除开最后明清两代的六百年，以前的君主在常态上并不全是专制。苛暴的、独裁的、黑暗的时代，历史上虽不尽无，但都可说是变态的，非正常的现象。就政体来说，除开少数非常态的君主个人的行为，大体上说，一千四百年的君主政体，君权是有限制的，能受限制的君主被人民所爱戴。反之，他必然会被倾覆，破家亡国，人民也陪着遭殃。

就个人所了解的历史上的政体，至少有五点可以说明过去的

君权的限制，第一是议的制度，第二是封驳制度，第三是守法的传统，第四是台谏制度，第五是敬天法祖的信仰。

国有大业，取决于群议，是几千年来一贯的制度。春秋时，子产为郑国执政，办了好多事，老百姓不了解，大家在乡校里纷纷议论，有人劝子产毁乡校，子产说，不必，让他们在那里议论吧，他们的批评可以作我施政的参考。秦汉以来，议成为政府解决大事的主要方法，在国有大事的时候，君主并不先有成见，却把这事交给廷议，廷议的人员包括政府的高级当局如丞相、御史大夫及公卿列侯，二千石以至下级官如议郎博士以及贤良文学。谁都可以发表意见，这意见即使是恰好和政府当局相反，可以反复辩论不厌其详，即使所说的话是攻击政府当局。辩论终了时理由最充分的得了全体或大多数的赞成（甚至包括反对者），成为决议，政府照例采用作为施政的方针。例如汉武帝以来的盐铁榷酤政策，政府当局如御史大夫桑弘羊及丞相等官都主张继续专卖，民间都纷纷反对，昭帝时令郡国举贤良文学之士，问以民所疾苦，教化之要。皆对曰，愿罢盐铁榷酤均输官，无与天下争利。于是政府当局以桑弘羊为主和贤良文学互相诘难，词辩云涌，当局几为贤良文学所屈，于是诏罢郡国榷酤关内铁官。宣帝时桓宽推衍其议为《盐铁论》十六篇。又如汉元帝时珠崖郡数反，元帝和当局已议定，发大军征讨，待诏贾捐之上疏独以为当罢郡，不必发军。奏上后，帝以问丞相、御史大夫，丞相以为当罢，御史大夫以为当击，帝卒用捐之议，罢珠崖

郡。又如宋代每有大事，必令两制侍从诸臣集议，明代之内阁六部
都察院通政司六科诸臣集议，清代之王大臣会议，虽然与议的人选
和资格的限制，各朝不尽相同，但君主不以私见或成见独断国家大
政，却是历朝一贯相承的。

封驳制度概括地说，可以分作两部分。汉武帝以前，丞相专决
国事，权力极大，在丞相职权以内所应作的事，虽君主也不能任意
干涉。武帝以后，丞相名存职废，光武帝委政尚书，政归台阁，魏
以中书典机密，六朝则侍中掌禁令，逐渐衍变为隋唐的三省——中
书、门下、尚书——制度。三省的职权是中书取旨，门下封驳，尚
书施行。中书省有中书舍人掌起草命令，中书省在得到君主同意或
命令，就让舍人起草，舍人在接到词头（命令大意）以后，认为不
合法的便可以缴还词头，不给起草。在这局面下，君主就得改换主
意。如坚持不改，也还可以第二次第三次发下，但舍人仍可第二次
第三次退回，除非君主罢免他的职务，否则，还是拒绝起草。著例
如宋仁宗时，富弼为中书舍人封还刘从愿妻封遂国夫人词头。门下
省有给事中专掌封驳，凡百司奏钞，侍中审定，则先读而署之，以
驳正违失，凡制敕宣行，大事覆奏而请施行，小事则署而颁之，其
有不便者，涂窜而奏还，谓之涂归。著例是唐李藩迁给事中，制有
不便，就制尾批却之，吏惊请联他纸，藩曰，联纸是牒，岂得云批
敕耶。这制度规定君主所发命令，得经过两次审查，第一次是中书
省专主起草的中书舍人，他认为不合的可以拒绝起草，舍人把命令

草成后，必须经过门下省的审读，审读通过，由给事中签名副署，才行下到尚书省施行。如被封驳，则此事便当作为罢论。这是第二次也是最后一次的审查。如两省官都能称职，坚定地执行他们的职权，便可防止君主的过失和政治上的不合法行为。从唐到明，这制度始终为政厅及君主所尊重，在这个时期内君权不但有限制，而且其限制的形式，也似乎不能为现代法西斯国家所接受。

法有两种，一种是成文法，即历朝所制定的法典，一种是不成文法，即习惯法，普通政治上的相沿传统属之。两者都可以纲纪政事，维持国本，凡是贤明的君主必得遵守。不能以喜怒爱憎，个人的感情来破法坏法。即使有特殊情形，也必须先经法的制裁，然后利用君主的特赦权或特权来补救。著例如汉文帝的幸臣邓通，在帝旁有怠慢之礼，丞相申屠嘉因言朝廷之礼不可以不肃，罢朝坐府中檄召通到丞相府，不来且斩，通求救于帝，帝令诣嘉，免冠顿首徒跣谢，嘉谓小臣戏殿上，大不敬当斩，史今行斩之，通顿首首尽出血不解，文帝预料丞相已把他困辱够了，才遣使向丞相说情，说这是我的弄臣，请你特赦他，邓通回去见皇帝，哭着说丞相几杀臣。又如宋太祖时有群臣当迁官，太祖素恶其人不与，宰相赵普坚以为请，太祖怒曰，朕固不为迁官，卿若之何！普曰，刑以惩恶，赏以酬功，古今通道也，且刑赏天下之刑赏，非陛下之刑赏，岂得以喜怒专之。太祖怒甚起，普亦随之，太祖入宫，普立于宫门口，久久不去，太祖卒从之。又如明太祖时定制，凡私茶出境，与关隘不讥者并论死，驸马都尉欧阳伦以贩私茶依法赐死（伦妻安庆公主为马皇后所生）。类此的传统的守法精神，因历代君主的个性和教养不同，或由于自觉，或由于被动，都认为守法是作君主的应有的德行，君主如不守法则政治即失常轨，臣下无所准绳，亡国之祸，跷足可待。

为了使君主不做错事，能够守法，历朝又有台谏制度。一是御史台，主要的职务是纠察官邪，肃正纲纪，但在有的时代，御史亦得言事。谏是谏官，有谏议大夫左右拾遗、补阙及司谏正言等官，分属中书、门下两省（元废门下，谏职并入中书，明废中书，以谏职归给事中兼领）。台谏以直陈主夫，尽言直谏为职业，批龙鳞，捋虎须，如沉默不言，便为失职。史记唐太宗爱子吴王恪好畋猎损居人田苗，侍御史柳范奏弹之，太宗因谓侍臣曰，权万纪事我儿，不能匡正，其罪合死。范进曰，房玄龄事陛下，犹不能谏正畋猎，岂可独坐万纪乎？又如魏徵事太宗，直言无所避。若谏取已受聘女，谏作层观望昭陵，谏怠于受谏，谏作飞仙宫，太宗无不曲意听从，肇成贞观之治。宋代言官气焰最盛，大至国家政事，小至君主私事，无不过问。包拯论事仁宗前，

清正廉明的包拯"包青天"
（《历代名臣像》）

说得高兴,唾沫四飞,仁宗回宫告诉妃嫔说,被包拯唾了一面。言官以进言纠箴为尽职,人君以受言改过为美德,这制度对于君主政体的贡献可说很大。

两汉以来,政治上又形成了敬天法祖的信条。敬天是适应自然界的规律,在天人合一的政治哲学观点上,敬天的所以育人治国。法祖是法祖宗成宪,大抵开国君主的施为,因时制宜,着重在安全秩序保持和平生活。后世君主,如不能有新的发展,便应该保守祖宗成业,不使失坠;这一信条,在积极方面说,固然是近千年来我民族颓弱落后的主因,但在消极方面说,过去的台谏官却利用以劝告非常态的君主,使其安分,使其不作意外的过举。因为在理论上君主是最高的主宰,只能抬出祖宗,抬出比人君更高的天来教训他,才能措议,说得动听。[①]此类的例子不可胜举,例如某地闹水灾或旱灾,言官便说据五行水是什么,火是什么,其灾之所以成是因为女谒太盛,或土木太侈,或奸臣害政,君主应该积极采取相对的办法斥去女谒,罢营土木,驱诛奸臣,发赈救民。消极的应该避殿减膳停乐素服,下诏引咎求直言以应天变。好在大大小小的灾异,每年各地总有一些,言官总不愁无材料利用,来批评君主和政府,再不然便引用祖宗成宪或教训,某事非祖宗时所曾行,某事则曾行于祖宗时,要求君主之改正或奉行。君主的意志在这信条下,多多

---

① 此处文意费解。原文如此,姑依其旧。——编者注

少少为天与祖宗所束缚，不敢作逆天或破坏祖宗成宪的事。两千年来只有一个王安石，他敢说"天变不足畏，祖宗不足法，人言不足恤"，除他以外，谁都不敢说这话。

就上文所说，国有大事，君主无适无莫，虚心取决于群议。其命令有中书舍人审核于前，有给事中封驳于后，如不经门下副署，便不能行下尚书省。其所施为必须合于法度，如有违失，又有台谏官以近臣之地位，从中救正，或谏止于事前，或追论于事后。人为之机构以外，又有敬天法祖之观念，天与祖宗同时为君权之约束器。在这样的君主政体下，说是专制固然不尽然，说是独裁，尤其不对，说是黑暗或苛暴，以政治史上偶然的畸形状态，加上于全部历史，尤其不应该。就个人所了解，六百年以前的君权是有限制的，至少在君主不肯受限制的时候，还有忠于这个君主的人敢提出指责，提出批评。近六百年来，时代愈进步，限制君权的办法逐渐被取消，驯至以桀纣之行，文以禹汤文武之言，诰训典谟，连篇累牍，"朕即国家"和西史暴君同符。历史的覆辙，是值得读史的人深切注意的。

大明帝国和明教：当了皇帝，翻脸可比翻书快

吴元年（公元1367年，元至正二十七年）十二月，朱元璋的北伐大军已经平定山东。南征军已降方国珍，移军福建，水陆两路都势如破竹。一片捷报声使应天的文武臣僚欢天喜地，估量军力、人事和元政府的无能腐败，加上元朝将军疯狂的内讧，荡平全国已经是算得出日子的事情了。苦战了十几年，为的是什么？无非是为作大官，拜大爵位，封妻荫子，大庄园，好奴仆，数不尽的金银钱钞，用不完的锦绮绸罗，风风光光、体体面面、舒舒服服过日子。如今，这个日子来了。吴王要是升一级作皇帝，王府臣僚自然也进一等作帝国将相了。朱元璋听了朱升的话，"缓称王"，好不容易熬了这么多年才称王，称呼从"主公"改成"殿下"，如今眼见得一统在望，再也熬不住了，立刻要过皇帝瘾。真是同心一意，在前方斫杀声中，应天的君臣在商量化家为国的大典。

自然，主意虽然打定，自古以来作皇帝的一套形式，还是得照样搬演一下。照规矩，是臣下劝进三次，主公推让三次，文章都是刻板的滥调，于是，文班首长中书省左丞相宣国公李善长率文武百

官奉表劝进："开基创业，既宏盛世之舆图，应天顺人，宜正大君之宝位……既膺在躬之历数，必当临御于宸居……伏冀俯从众请，早定尊称。"不用三推三让，只一劝便答应了。十天后，朱元璋搬进新盖的宫殿，把要作皇帝的意思，祭告于上帝皇祇说：

> 惟我中国人民之君，自宋运告终，帝命真人于沙漠，入中国为天下主，其君父子及孙百有余年，今运亦终。其天下土地人民，豪杰分争。惟臣帝赐英贤，为臣之辅，遂戡定诸雄，息民于田野。今地周回二万里广，诸臣下皆曰生民无主，必欲推尊帝号，臣不敢辞，亦不敢不告上帝皇祇。是用明年正月四日于钟山之阳，设坛备仪，昭告帝祇，惟简在帝心。如臣可为生民主，告祭之日，帝祇来临，天朗气清。如臣不可，至日当烈风异景，使臣知之。①

即位礼仪也决定了，这一天先告祀天地，再即皇帝位于南郊，丞相率百官以下和都民耆老拜贺舞蹈，连呼万岁三声。礼成，具皇帝卤簿威仪导从，到太庙追尊四代祖父母、父母都为皇帝、皇后，再祭告社稷。于是皇帝服衮冕，在奉天殿受百官贺。天地社稷祖先百官和都民耆老都承认了，朱元璋便成为合法的皇帝。

皇帝的正殿命名为奉天殿，皇帝诏书的开头也规定为奉天承

---

① 《明太祖实录》卷二四。

运。原来元时皇帝白话诏书的开头是"长生天气力里，大福荫护助里"，文言的译作"上天眷命"，朱元璋以为这口气不够谦卑奉顺，改作奉作承，为"奉天承运"，表示他的一切行动都是奉天而行的，他的皇朝是承方兴之运的，谁能反抗天命？谁又敢于违逆兴运？

洪武元年（公元1368年）正月初四，朱元璋和他的文武臣僚照规定的礼仪节目，逐一搬演完了，定有天下之号曰大明，建元洪武，以应天为京师。去年年底，接连下雨落雪，阴沉沉的天气，到大年初一雪停了，第二天天气更好，到行礼这一天，竟是大太阳，极好的天气，元璋才放了心。回宫时忽然想起陈友谅采石矶的故事，作皇帝这样一桩大事，连日子也不挑一个，闹得拖泥带水，衣冠污损，不成体统，实在好笑，怪不得他没有好下场。接着又想起这日子是刘基拣的，真不错，开头就好，将来会更好，子子孙孙都会好，越想越喜欢，不由得在玉辇里笑出声来。

奉天殿受贺后，立妃马氏为皇后，世子标为皇太子，以李善长、徐达为左右丞相，各文武功臣也都加官晋爵。皇族不管死的活的，全都封王。一霎时闹闹嚷嚷，欣欣喜喜，新朝廷上充满了蓬勃的气象，新京师里添了几百上千家新贵族，历史上也出现了一个新朝代。[1]

皇族和其他许多家族组织成一个新统治集团，代表这集团执行

---

[1] 《明太祖实录》卷二五。

统治的机构是朝廷，这朝廷是为朱家皇朝服务的，朱家皇朝的建立者朱元璋，给他的皇朝起了名号——大明。

大明这一朝代名号的决定，事前曾经过长期的考虑。

历史上的朝代称号，都有其特殊的意义。大体上可以分作四类：第一类用初起时的地名，如秦如汉；第二类用所封的爵邑，如隋如唐；第三类用特殊的物产，如辽（镔铁）如金；第四类用文字的含义，如大真大元。①大明不是地名，也不是爵邑，更非物产，应该归到第四类。

大明这一国号出于明教。明教有明王出世的传说，主要的经典有《大小明王出世经》。经过了五百多年公开的、秘密的传播，明王出世成为民间所熟知、所深信的预言。这传说又和佛教的弥勒降生说混淆了，弥勒佛和明王成为二位一体的人民救主。韩山童自称明王起事，败死后，他的儿子韩林儿继称小明王，西系红军别支的明昇也称小明王。朱元璋原来是小明王的部将，害死小明王，继之而起，国号也称大明。②据说是刘基的主意。③

朱元璋部下分红军和儒生两个系统，这一国号的采用，使两个系统的人都感觉满意。就红军方面说，他们大多数都起自淮西，

① 赵翼：《廿二史劄记》卷二九，《元建国始用文义》条。
② 孙宜：《洞庭集·大明初略》四："国号大明，承林儿小明号也。"吴晗：《明教与大明帝国》，载《清华学报》卅周年纪念号。
③ 祝允明：《九朝野记》卷一。

受了彭莹玉的教化。其余的不是郭子兴的部曲，就是小明王的余党，天完和汉的降将，总之，都是明教徒。国号大明，第一，表示新政权还是继承小明王这一系统，所有明教徒都是一家人，应该团结在一起，共享富贵；第二，告诉所有人"明王"在此，不必痴心妄想，再搞这一套花样了；第三，使人民安心，本本分分，来享受明王治下的和平、合理的生活。就儒生方面说，他们固然和明教无渊源，和红军处于敌对地位，用尽心机，劝诱朱元璋背叛明教，遗弃红军，暗杀小明王，另建新朝代。可是，对于这一国号，却用儒家的看法去解释："明"是光亮的意思，是火，分开来是"日"和"月"，古礼有祀"大明"朝"日"夕"月"的说法，千百年来"大明"和日月都算是朝廷的正祀，无论是列作郊祭或特祭，都为历代皇家所看重、儒生所乐于讨论。而且，新朝是起于南方的，和以前各朝从北方起事平定南方恰好相反。拿阴阳五行之说来推论，南方为火，为阳，神是祝融，颜色赤；北方是水，属阴，神是玄冥，颜色黑；元朝建都北平，起自更北的蒙古大漠。那么，以火制水，以阳消阴，以明克暗，不是恰好？再则，历史上的宫殿名称有大明宫、大明殿，古神话里"朱明"一词把国姓和国号联在一起，尤为巧合。因此，儒生这一系统也赞成用这国号。一些人是从明教教义，一些人是从儒家经说，都以为合式、对劲。[①]

---

①　吴晗：《明教与大明帝国》。

　　元朝末期二十年的混战，宣传标榜的是"明王出世"，是"弥勒降生"的预言。朱元璋是深深明白这类预言、这类秘密组织的意义的。他自己从这一套得到机会和成功，成为新兴的统治者，要把这份产业永远保持下去，传之子孙，再也不愿意、不许别的人也来要这一套危害治权。而且，"大明"已经成为国号了，也应该保持它的尊严。为了这，建国的第一年他就用诏书禁止一切邪教，尤其是白莲社、大明教和弥勒教。接着把这禁令正式公布为法律，《大明律·礼律》禁止师巫邪术条规定："凡师巫假降邪神，书符咒水，扶鸾祷圣，自号端公、太保，师婆，妄称弥勒佛、白莲社、明尊教、白云宗等会，一应左道乱正之术，或隐藏图像，烧香集众，夜聚晓散，佯修善事，煽惑人民，为首者绞，为从者各杖一百，流三千里。"句解："端公、太保，降神之男子；师婆，降神之妇人。白莲社如昔远公修净土之教，今奉弥勒佛十八龙天持斋念佛者。明尊教谓男子修行斋戒，奉牟尼光佛教法者。白云宗等会，盖谓释氏支流派分七十二家，白云持一宗如黄梅曹溪之类也。"明尊教即明教，牟尼光佛即摩尼。《昭代王章》条例："左道惑众之人，或烧香集徒，夜聚晓散，为从者及称为善友，求讨布施，至十人以上，事发，属军卫者俱发边卫充军，属有司者发口外为民。"善友也正是明教教友称号的一种。招判枢机定师巫邪术罪款说："有等捏怪之徒，罔领明时之法，乃敢立白莲社，自号端公，拭清风刀，人呼太保，尝云能用五雷，能集方神，得先天，知后世，凡所以煽惑人心

035

者千形万状，小则入迷而忘亲忘家，大即心惑而丧心丧志，甚至聚众成党，集党成祸，不测之变，种种立见者，其害不可胜言也。"[①]何等可怕，不禁怎么行？温州、泉州的大明教，从南宋以来就根深蒂固，流传在民间，到明初还"造饰殿堂甚侈，民之无业者咸归之"。因为名犯国号，教堂被毁，教产被没收，教徒被逐归农。[②]甚至宋元以来的明州，也改名为宁波。[③]明教徒在严刑压制之下，只好再改换名称，藏形匿影，暗地里活动，成为民间的秘密组织了。

事实是，法律的条款和制裁，并不能也不可能消除人民对政治的失望。朱元璋虽然建立了大明帝国，却并没有替人民解除痛苦、改善生活，二十年后，弥勒教仍然在农村里传播，尤其是江西地区的农村。朱元璋在洪武十九年（公元1386年）年底诰诫人民说：

元政不纲，天将更其运祚，而愚民好作乱者兴焉。初本数人，其余愚者闻此风而思为之，合共谋倡乱。是等之家，吾亲目睹……秦之陈胜、吴广，汉之黄巾，隋之杨玄感、僧向海明，唐之王仙芝，宋之王则等辈，皆系造言倡乱者致干戈横作，物命损伤者既多，比其事成也，天不与首乱者，殃归首乱，福在殿兴。今江西有

---

① 以上并据玄览堂丛书本《昭代王章》。

② 宋濂：《芝园续集》卷四，《故岐宁卫经历熊府君墓铭》；何乔远：《闽书》卷七，《方域志》。

③ 吕毖：《明朝小史》卷二。

等愚民，妻不谏夫，夫不戒前人所失，夫妇愚于家，反教子孙，一概念诵南无弥勒尊佛，以为六字，又欲造祸，以殃乡里……今后良民凡有六字者即时烧毁，毋存毋奉，永保己安，良民戒之哉！

他特别指出凡是造言首事的都没有好下场，"殃归首乱"，只有他自己是跟从的，所以"福在殿兴"。劝人民不要首事肇祸，脱离弥勒教，翻来覆去地说，甚至不惜拿自己作例证。可以看出当时民间对现实政治的不满意和渴望光明的情形。

尽管政府对明教的压迫十分严厉，小明王在西北的余党却仍然很活跃。从洪武初年（公元1368年）到永乐七年（公元1409年）四十多年间，王金刚奴自称四天王，在沔县西黑山、天池平等处，以佛法惑众，其党田九成自称后明皇帝，年号还是龙凤，高福兴自称弥勒佛，帝号和年号都直承小明王，根本不承认这个新兴的朝代。前后攻破屯寨，杀死官军。[①]同时西系红军的根据地蕲州，在永乐四年（公元1406年）"妖僧守座聚男女成立白莲社，毁形断指，假神煽惑"被杀。永乐七年（公元1409年）在湘潭、十六年（公元1418年）在保定新城县，都曾爆发弥勒佛之乱。[②]以后一直下来，白莲教、明教的教徒在不同时期、不同地点的传播以至起义，可以说

① 《明成祖实录》卷九〇；沈德符：《野获编》卷三〇，《再僭龙凤年号》。
② 《明成祖实录》卷五六、九六、二〇〇。

是史不绝书。虽然都被优势的武力所平定了，也可以看出这时代，人民对政府的看法和愤怒的程度。①

① 本节参看吴晗：《明教与大明帝国》。

农民被出卖了：从反对地主到同污合流

朱元璋经过二十几年的实际教育，在流浪生活中，在军营里，在作战时，在后方，随处学习，随时训练自己，更事事听人劝告，征求专家的意见。他在近代史上，不但是一个伟大的军事统帅，也是一个成功的政治家。

他的政治才能，表现在所奠定的帝国规模上。

在红军初起时，标榜复宋，韩林儿诈称是宋徽宗的子孙，暂时的固然可以发生政治的刺激作用，可是这时去宋朝灭亡已经七十年了，宋朝的遗民故老死亡已尽，七十年后的人民对历史上的皇帝，对一个被屈辱的家族，并不感觉到亲切、怀念、依恋。而且，韩家父子是著名的白莲教世家，突然变成赵家子孙，谁都知道是冒牌，真的都不见得有人理会，何况是假货？到朱元璋北伐时，严正地提出民族独立自主的号召，汉人应该由汉人自己治理，应该用自己的方式生活，保存原有的文化系统，这一崭新的主张，博得全民族的热烈拥护，瓦解了元朝治下汉官汉兵的敌对心理。在檄文中，更进一步地提出，蒙古、色目人只要参加这文化系统，就一体保护，认为皇朝的子民。这一举措，不但减低了敌人的抵抗挣扎行为，并且也吸引过来一部分敌人，化敌为友。到开国以后，这革命主张仍然被尊重为国策，对于参加华族文化集团的外族，毫不歧视，蒙古、色目的官吏和汉人同样登用，在朝廷有做到尚书、侍郎大官的，地方作知府、知县，一样临民办事。[①]在军队里更多，甚至在亲军中也有蒙古军队和军官。[②]由政府

明代服饰衣冠（《嘉定三先生像》）

编置勘合（合同文书），给赐姓名，和汉人一无分别。[③]婚姻则制定法令，准许和汉人通婚，务要两相情愿，如汉人不愿，许其同类自相嫁娶。[④]这样，蒙古、色目人陶育融冶，几代以后，都同化为中华民族的成员了。内中有十几家军人世家，替明朝立下不可磨灭的功绩。对于塞外的外族，则继承元朝的抚育政策，告诉他们新朝仍和前朝一样，尽保护提携的责任，各安生理，不要害怕。

相反的，下诏书恢复人民的衣冠如唐朝的式样，蒙古人留下的

①　《明太祖实录》卷一九九、卷二〇二；《明史》卷一三八《周祯传》，卷一四〇《道同传》。
②　《明太祖实录》卷七一、卷一九〇。
③　《明太祖实录》卷五〇；《明成祖实录》卷三三。
④　《明律》卷六，《户律》。

习俗，辫发椎髻胡服——男袴褶窄袖及辫线腰褶，妇女衣窄袖短衣，下服裙裳——胡语、胡姓一切禁止。①蒙古俗丧葬作乐娱尸，礼仪官品坐位以右手为尊贵，也逐一改正。②复汉官之威仪，参酌古代礼经和事实需要，规定了各阶层的生活、服用、房舍、舆从种种规范和标准，使人民有所遵守。

红军之起，最主要的目的是要实现经济的、政治的、民族的地位平等。在政治和民族方面说，大明帝国的建立已经完全达到目的，过去的歧视情形，不再存在了。可是，在经济方面，虽然推翻了外族对汉族的特权，但就中华民族本身而说，地主对农民的剥削压迫特权，并没有因为政权的改变而有所改变。

元末的农民，大部分参加红军，破坏旧秩序、旧的统治机构。地主的利益恰好相反，他们要保全自己的生命财产，就不能不维持旧秩序，就不能不拥护旧政权。在战争爆发之后，地主们用全力来组织私军，称为民军或义军，建立堡寨，抵抗农民的袭击。这一集团的组成分子，包括现任和退休的官吏、乡绅、儒生和军人，总之，都是丰衣足食，面团团的地主阶层人物。这些人受过教育，有智识，有组织能力，在地方有号召的威望。虽然各地方的地主各自作战，没有统一的指挥和作战计划，战斗力量也有大小强弱之不

---

① 《明太祖实录》卷三十。
② 《明史·太祖本纪》。

同，却不可否认是一个比元朝军队更为壮大，更为顽强的力量。他
们决不能和红军妥协，也不和打家劫舍的草寇或割据一隅的群雄合
作。可是，等到一个新政权建立，而这一个新政权是有足够的力量
保护地主利益、维持地方秩序的时侯，他们也就毫不犹豫，拥戴这
一属于他们自己的新政权了①。同时，新朝廷的一批新兴贵族、官
僚，也因劳绩获得大量土地，成为新的地主（洪武四年十月的公侯
佃户统计，六国公二十八侯，凡佃户三万八千一百九十四户）。②新
政府对这两种地主的利益，是不敢，也不能不特别尊重的。这样，
农民的生活问题，农民的困苦，就被搁在一边，无人理睬了。

朱元璋和他的大部分臣僚都是农民出身的。过去曾亲身受过地
主的剥削和压迫。但在革命的过程中，本身的武装力量不够强大，眼
看着小明王是被察罕帖木儿、李思齐和孛罗帖木儿两支地主军打垮了
的，为了成事业，不能不低头赔小心，争取地主们的人力财力的合
作。又恨又怕，在朱元璋的心坎里，造成了微妙的矛盾的敌对的心
理，产生了对旧地主的两面政策。正面是利用有学识、有社会声望的
地主，任命为各级官吏和民间征收租粮的政府代理人，建立他的官僚
机构。原来经过元末多年的战争，学校停顿，人才缺乏，将军们会打
仗，可不会作办文墨的事务官。有些读书人，怕朱元璋的残暴、侮

---

① 吴晗：《元帝国之崩溃与明之建国》，载《清华学报》十一卷二期。
② 《明太祖实录》卷六八。

辱，百般逃避，虽死不肯作官，饶是立了"士人不为君用"就要杀头的条款，还是逼不出够用的人才。没奈何只好拣一批合用的地主，叫作税户人才，用作地方县令长、知州、知府、布政使，以至朝廷的九卿。另外，以为地主熟悉地方情形，收粮和运粮都比地方官经手方便省事，而且可以省去一层中饱，乃规定每一收粮万石的地方，派纳粮最多的大地主四人作粮长，管理本区的租粮收运。这样，旧地主作官，作粮长，加上新贵族新官僚的新地主，构成了新的统治集团。[①]反面则用残酷的手段，消除不肯合作的旧地主，一种惯用的方法是强迫迁徙，使地主离开他的土地，集中到濠州、京师（南京）、山东、山西等处，釜底抽薪，根本削除了他们在地方的势力。其次是用苛刑诛灭，假借种种政治案件，株连牵及，一网打尽，灭门抄家，洪武朝的几桩大案如胡惟庸案、蓝玉案、空印案，屠杀了几万家，不用说了，甚至地方上一个皂隶的逃亡，就屠杀抄没了几百家。洪武十九年（公元1386年），朱元璋公布这案子说：

民之顽者，莫甚于溧阳、广德、建平、宜兴、安吉、长兴、归安、德清、崇德、蒋士鲁等三百七户。且如潘富系溧阳县皂隶，教唆官长贪赃枉法，自己挟势持权，科民荆杖。朕遣人按治，潘富在逃，自溧阳节次递送至崇德豪民赵真胜奴家。追者回奏，将豪民

---

① 吴晗：《明代之粮长及其他》，载《云南大学学报》第一期，1938年。

赵真胜奴并二百余家尽行抄没，持杖者尽皆诛戮。沿途节次递送者一百七十户，尽行枭令，抄没其家。①

豪民尽皆诛戮，抄没的田产当然归官，再由皇帝赏赐给新贵族、新官僚，用屠杀的手段加速改变土地的持有人。据可信的史料，三十多年中，浙东、浙西的故家巨室几乎到了被肃清的地步。②

为了增加政府的收入，提高财力和人力的充分运用，朱元璋用二十年的功夫，大规模举行土地丈量和人口普查，六百年来若干朝代若干政治家所不能做到的事情，算是划时代地完成了。丈量土地的目的，是因为过去六百年没有实地调查，土地簿籍和实际情形完全不符合，而且连不符合的簿籍大部分都已丧失，半数以上的土地不在簿籍上，逃避政府租税，半数的土地面积和负担轻重不一样，极不公平。地主的负担转嫁给贫农，土地越多的交租越少，土地越少的交租越多，由之，富的愈富，穷的更穷。经过实际丈量以后，使所有过去逃税的土地登记完粮。全国土地，记载田亩面积方圆，编列字号和田主姓名，制成文册，名为鱼鳞图册，政府据以定赋税标准。洪武廿六年（公元1393年）全国水田总数八百五十万七千六百二十三顷③，夏秋二税收麦四百七十余万石，米二千四百七十余万石。和元代全国岁入

---

① 《大诰三编》，递送潘富第十八。
② 吴晗：《明代之粮长及其他》。
③ 《明史》，《食货志》一，《田制》。

粮数一千二百十一万四千七百余石比较，增加了一倍半。①

人口普查的结果，编定了赋役黄册，把户口编成里甲，以一百一十户为一里，推丁粮多的地主十户作里长，余百户为十甲，每甲十户，设一甲首。每年以里长一人甲首一人，管一里一甲之事，先后次序根据丁粮多少，每甲轮值一年。十甲在十年内先后轮流为政府服义务劳役，一甲服役一年，有九年的休息。每隔十年，地方官以丁粮增减重新编定黄册，使之合于实际。洪武二十六年统计，全国有户一千六百五万二千六百八十，口六千五十四万五千八百十二②，比之元朝极盛时期，世祖时代的户口，户一千一百六十三万三千二百八十一，口五千三百六十五万四千三百三十七③，户增加了三百四十万，口增加了七百万。

表面上派大批官吏，核实全国田土，定其赋税，详细记载原坂、坟衍、下隰、沃瘠、沙卤的区别，凡置卖田土，必须到官府登记税粮科则，免去贫民产去税存的弊端；十年一次的劳役，轮流的休息，又似乎是替一般穷人着想的。其实，穷人是得不到好处的，因为执行丈量的是地主，征收租粮的还是地主，里长甲首依然是地主，地主是决

---

① 《明史》，《食货志》二，《赋役》。《明太祖实录》卷二三〇作：粮储三千二百七十八万九千八百余石。《元史》卷九三，《食货志》，《税粮》。

② 《明史》，《食货志》，《户口》。《明太祖实录》卷二一四："洪武二十四年十二月，天下郡县更造赋役黄册成，计人户一千六十八万四千四百三十五，口五千六百七十七万四千五百六十一。"

③ 《元史》卷九三，《食货志》，《农桑》。

不会照顾小自耕农和佃农的利益的。其次，愈是大地主，愈有机会让子弟受到教育，通过科举成为官僚绅士，官僚绅士享有非法的逃避租税，合法的免役之权。前一例子，朱元璋说得很明白：

民间洒派包荒、诡寄、移丘、换段，这等俱是奸顽豪富之家，将次没福受用财富田产，以自己科差洒派细民。境内本无积年荒田，此等豪猾，买嘱贪官污吏，及造册书算人等，当科粮之际，作包荒名色，征纳小户。书算手受财，将田洒派，移丘换段，作诡寄名色，以此靠损小民。①

后一例子，洪武十年（公元1377年），朱元璋告诉中书省官员：

食禄之家，与庶民贵贱有等，趋事执役以奉上者，庶民之事也。若贤人君子，既贵其身，而复役其家，则君人野人无所分别，非劝士待贤之道。自今百司见任官员之家，有田土者，输租税外，悉免其徭役，著为令。②

不但见任官，乡绅也享受这特权，洪武十二年（公元1379年）

---

① 《大诰续诰》四五。
② 《明太祖实录》卷一一一。

又著令："自今内外官致仕还乡者，复其家终身无所与。"①连在学的学生、生员之家，除本身外，户内也优免二丁差役。②这样，见任官、乡绅、生员都逃避租税，豁免差役，完粮当差的义务，便完全落在自耕农和贫农的身上了。他们不但出自己的一份，连官僚绅士地主的一份，也得一并承当下来。统治集团所享受的特权，造成了更激烈的加速度的兼并，土地愈集中，人民的负担愈重，生活愈困苦。这负担据朱元璋说是"分"，即应尽的义务，洪武十五年（公元1382年），他叫户部出榜晓谕两浙江西之民说："为吾民者当知其分，田赋力役出以供上者，乃其分也。能安其分，则保父母妻子，家昌身裕，为忠孝仁义之民。"不然呢？"则不但国法不容，天道亦不容矣！"应该像"中原之民，惟知应役输税，无负官府"。只有如此，才能"上下相安，风俗淳美，共享太平之福"③！

里甲的组织，除了精密动员人力以外，最主要的任务是布置全国性的特务网，严密监视并逮捕危害统治的人物。

朱元璋发展了古代的传、过所、公凭这一套制度，制定了路引（通行证或身份证）。法律规定："凡军民人等来往，但出百里即验文引，如无文引，必须擒拿送官。仍许诸人首告，得实者赏，纵容者同罪。天下要冲去处，设立巡检司，专一盘诘往来奸细及贩

---

① 《明太祖实录》卷一二六。
② 张居正：《张太岳集》卷三九，《请申旧章饬学政以振兴人才疏》。
③ 《明太祖实录》卷一五〇。

卖私盐犯人、逃囚、无引面生可疑之人。"①处刑的办法："凡无文引，私度关津者杖八十。若关不由门，津不由渡而越度者杖九十。若越度缘边关塞者，杖一百，徒三年；因而出外境者绞。"军民的分别："若军民出百里之外不给引者，军以逃军论，民以私度关津论。"②这制度把人民的行动范围，用无形的铜墙铁壁严密圈禁。路引是要向地方官请领的，请不到的，便被禁锢在生长的土地上，行动不能出百里之外。

要钳制监视全国人民，光靠巡检司是不够的，里甲于是被赋予了辅助巡检司的任务。朱元璋在洪武十九年（公元1386年）手令"要人民互相知丁"，知丁是监视的意思：

诰出，凡民邻里互相知丁。互知务业，俱在里甲，县府州务必周知。市村绝不许有逸夫。若或异四业而从释道者，户下除名。凡有夫丁，除公占外，余皆四业，必然有效。一、知丁之法；某民丁几，受农业者几，受士业者几，受工业者几，受商业者几。且欲士者志于士，进学之时，师友某代，习有所在，非社学则入县学，非县必州府之学，此其所以知士丁之所在。已成之士为未成士之师，邻里必知生徒之所在。庶几出入可验，无异为也。一、农业者不出一里之间，朝出暮入，作息

---

① 《弘治大明会典》卷一一三。
② 《明律》卷一五，《兵律》。

之道互知焉。一、专工之业，远行则引明所在，用工州里，往必知方。巨细作为，邻里采知。巨者归迟，细者归疾，出入不难见也。一、商本有巨微，货有重轻，所趋远近水陆，明于引间。归期艰，限其业，邻里务必周知。若或经年无信，二载不归，邻里当觉（报告）之询故。本户若或托商在外非为，邻里勿干。

逸夫指的是无业的危险分子。如不执行这命令："一里之间，百户之内，仍有逸夫，里甲坐视，邻里亲戚不拿，其逸夫或于公门中，或在市间里，有犯非为，捕获到官，逸夫处死，里甲四邻化外之迁，的不虚示。"[1] 又说："此诰一出，自京为始，遍布天下。一切臣民，朝出暮入，务必从容验丁。市井人民，舍客之际，辨人生理，验人引目。生理是其本业，引目相符而无异，犹恐托业为名，暗有他为。虽然业与引合，又识重轻巨微贵贱，倘有轻重不伦，所赍微细，必假此而他故也，良民察焉。"[2] 异为，非为，他为，他故，都是法律术语，即不轨、不法的意思。前一手令是里甲邻里的连坐法，后一手令是旅馆检查规程，再三叮咛训示，把里甲和路引制度关联成为一体，不但圈禁人民在百里内，而且用法律、用手令强迫每一个人都成为政府的代表，执行调查、监视、告密、访问、逮捕的使命。[3]

---

① 《大诰续诰》，互知丁业第三。
② 《大诰续诰》，辨验丁引第四。
③ 吴晗：《传·过所·路引的历史》，载《中国建设》月刊第五卷第四期，1948年1月。

第二章

当官员：不受苦中苦，难为人上人

法律所规定的特权阶级：
大明体制内的既得利益团体

明代士庶两阶级的分别，从《大明律·名例》里关于文武官犯私罪一条最可以看出。这条例规定："文武官职，举人，监生，生员，冠带官，义官，知印，承差，阴阳生，医生，但有职役者，犯赃犯奸，并一应行止有亏，俱发为民。"发为民的意思就是褫夺仕宦阶级的特权。

反映明代官员休闲生活的画作《杏园雅集图》

仕宦阶级最重要的特权是免役。士人一入学校，除本身外，并免户内二丁差役。[①]温宝忠的《士民说》里有这样的话："民间二十亩土产，不得一襕袍，则里役立碎。"[②]意思是说小农家如没有人进学校，没有一个青衿作护符，则其家业立为徭役所毁碎。关于见任官的免役，明太祖曾特降诏令说：

食禄之家，与庶民贵贱有等。趋事执役以奉上者，庶民之事。若贤人君子，既贵其身而复役其家，则君子野人无所分别，非劝士待贤之道。自今百司见任官员之家有田土者，输租税外，悉免其徭役。著为令。[③]

明代里役之制，以十家为甲，百家为里，每年按甲轮值为官府服役。里长、甲长在原则上以殷户（地主）充当。里役最为庶民所苦，独仕宦阶级可置身事外。明末刘宗周曾疏言其不平，他说：

臣生之初，见现年里役，亦止费二三十金，积至五六十金，今遂有赢至百金者。至一承南粮解户，则计亩约费三五两不等而家尽

① 张居正《张太岳文集》卷三九《请申旧章饬学政以振兴人才疏》："生员之家，依洪武年间例，除本身外，户内优免二丁差役。"
② 《温宝忠遗稿》卷五。
③ 《明太祖实录》卷一一一，洪武十年二月丁卯。

破矣。独宦户偃然处十甲之外，不值现年。①

致仕宦家居——乡绅，除免役外，其尊严亦有法令的保障。这法令颁布于洪武十二年（公元1379年）八月辛巳：

> 上谕中书省臣曰：凡士非建功名之为难，而保全始终为难。自今内外官致仕还乡者，复其家终身无所与。其居乡里，惟于宗族叙尊卑如家人礼，若筵宴则设别席，不许坐于无官者之下。如与同致仕者会则序爵，爵同序齿。其与异姓无官者相见，不必答礼。庶民则以官礼谒见，敢有凌侮者论如律。著为令。②

甚至有由所在县官送门皂、吏书、承应，体貌一如在官时。③其所享受之特权并可庇及宗族。④

蓄奴也是次要的特权，反之庶民如存养奴婢，便须受法律制裁。⑤

至一般进士、举、贡、生员，在法律上亦著有优待之条文，死罪至三宥，《明太祖实录》记：

---

① 《刘子文编》卷五，《责成巡方职掌疏》。

② 《明太祖实录》卷一二六。

③ 徐学谟《世庙识余录》卷二〇："淮安之俗，显宦居乡，县送门皂、吏书、承应，比于亲临上司。往翰林学士蔡昂守制在籍时可验也。"

④ 《明太祖实录》卷一三一："洪武十三年五月庚子，吏部郎中刘平仲叔父有罪，当杖为军，上以平仲仕于朝，特免之。"

⑤ 《明律》卷四《户律》："庶民之家，存养奴婢者，杖一百，即放从良。"

洪武二十年（公元1387年）三月丙辰，常州府宜兴县丞张福生犯法当死，特宥之。先是，上以进士、国子生皆朝廷培养人材，初入仕有即丽于法者，虽欲改过不可得，遂命凡所犯难死罪，三宥之。福生以国子生故得宥。[①]

太祖以后，这一条法令虽然无形取消，但生员如犯刑章，地方官在行文学校褫革其衣衿以前，仍不得加以刑责。如所犯非重罪，也只行文学校当局，薄责了事。其家道寒苦、无力完粮者，并由地方官奏销豁免，因之不但本人免役免赋，甚至包揽隐庇，成为利源。顾公燮记：

明季廪生官给每岁膏火银一百二十两……贫生无力完粮，奏销豁免。诸生中不安分者，每月朔望赴县恳准词十张，名曰乞恩。又揽富户钱粮立于自名下隐吞。故生员有"坐一百走三百"之语。[②]

这一阶级的居室间数、建筑方式、衣服材料颜色、舆马仪从、相见礼貌，一切都按地位高下，由政府分别予以规定，不许紊越。[③]为保障阶级的尊严，并著令不许和非类为婚，违者置法，例如明初

---

① 《明太祖实录》卷一八一。
② 《消夏闲记摘抄》卷中。
③ 参见《明史》礼志与服志。

李宜之案：

洪武十七年（公元1384年）二月甲申，降江西布政使李宜之为广西思恩县主簿。时宜之在任，以小隶为婿。事闻，故降用之。[1]

① 《明太祖实录》卷一五九。

进入仕宦阶级的梯子——科举和学校

明太祖既统一了全国，用残杀的恐怖手段，用新的行政机构来集中政权，增高皇帝的威严。洪武十三年（公元1380年）以后，他个人综揽国家庶务，朝廷大臣都成了备位的闲员。历史上记着他在八天内所处理批阅的诸司奏札1660件，计3391事。[1]平均每天有200多件，400多事，真可算是"衡石量书""传餐而食"，和秦始皇、隋文帝鼎足而三了。他拼着命干，不肯放松一点，专凭残杀来救济个人精力所不及。[2]但隔了一两代，娇生惯养的年轻皇帝受不了这苦工，政权便慢慢转移到皇帝的私人秘书——阁臣——手上，英宗以后，诸帝多冲年即位，政权又慢慢地从外廷秘书的阁臣，转移到内

---

[1] 参见《明太祖实录》卷一六五。

[2] 参见吴晗《胡惟庸党案考》，载《燕京学报》第十五期。《明史》卷一三九《茹太素传》："洪武八年坐累降刑部主事，陈时务累万言。中言才能之士，数年来幸存者百无一二，今所任率迁儒俗吏。"《叶伯巨传》："古之为仕者以登仕为荣，以罢职为辱；今之为仕者以涸职无闻为福，以受玷不录为幸，以屯田工役为必获之罪，以鞭笞棰笞为寻常之辱。其始也朝廷取天下之士，网罗捃摭，务无余逸，有司敦迫上道，如捕重囚，比到京师而除官，多以貌选，所学或非其所用，所用或非其所学。洎乎居官，一有差跌，苟免诛戮，则必去屯田工役之科，率是为常，不少顾惜。窃见数年以来，诛戮亦可谓不少矣，而犯者相踵。"卷一四七《解缙传》："上封事曰……国初至今，将二十载，几无时不变之法，无一日无过之人。"

廷秘书的司礼监手上。阁臣和司礼监——外廷和内廷的政权互为消长，也间或有同流合污的时候，皇帝只是一个傀儡。皇族除了拿禄米，多养孩子，在封地渔虐平民、肆作威福以外，绝对不能做一点事。中央的政权被宦官、地方的政权被仕宦阶级所把持。他们和他们的宗族戚党同时是大地主，也是大商人，因此这一阶级所代表的也只是这两种人的利益。

皇族指皇家子弟，数量很多，从明太祖起繁衍到明末，这一家系有十几万人。外戚包括帝婿，所谓驸马和皇族的女婿；最主要的是后妃的家族。这两类人都因血统的结合而取得地位和特权，在政治上不起作用。宦官的产生最简便，经过生理上的改变便可取得资格，在政治上取得大权唯一途径为博得皇帝的欢心，方法不外乎"便嬖柔佞，妾妇之道"。这三类人都纯粹是社会的寄生虫。皇族在明代前期不许参加考试，也不许在政府服务，到末年才开放这两条禁例。外戚和宦官则以其特殊地位，其子弟、宗族、亲戚、门客往往因之而获得科名和官职，间接地产生新官僚地主，影响政治的清明。

至于庶民进入仕宦阶级的主要途径，主要的两条大路，一是科举，二是学校。参加科举和进学校的敲门砖只有一块——八股文。明制参加科举的必须是州府县学的生员和国子监的监生，学校成为科举制度的附庸。因此这两条路其实是一条路。

科举制度分三段：生员考试（入学考试）初由地方官吏主持，

明代殿试场景(《帝鉴图说》)

后特设提督学政官以领之。士子未入学者通谓之童生,入学者谓之诸生(有廪膳生、增广生、附学生之别)。三年大比,以诸生试之直省曰乡试,中试者为举人。次年以举人试之京师曰会试,中试者再经皇帝亲自考试曰殿试。殿试发榜分三甲,一甲只三人,曰状元、榜眼、探花,赐进士及第;二甲若干人,赐进士出身;三甲若干人,赐同进士出身。状元授翰林院修撰,榜眼、探花授翰林院编修,二三甲考选庶吉士者皆为翰林官。其他或授给事、御史、主事、中书、行人、评事、太常、国子博士,或授府推官、知州、知县等官。举人、贡生不及第入国子监而选者,或授小京职及州县正官,或州县学教授。明制入内阁办事者必为翰林,而入翰林者又必为进士。宣德(公元1426—1435年)以前政府用人尚参用他途(如税户人才、吏员、征辟等），以后则专用科举。科举和铨选合二为一，一旦及第，便登仕途。由此，全国读书人都以科举为唯一出路，科举之外无出路，科举之外无人才。王鏊曾畅论这一制度的弊端：

> 古者用人，其途非一，耕钓渔盐版筑饭牛皆起为辅弼，而刍牧贾竖，奴仆降虏，亦皆得为世用。我太祖、太宗之世，亦时时意外用人，若郁新、严震直之流，皆以人才至尚书。取之非一途，故才之大小，纷纷皆得效用于时。降及后世，一唯科目是尚。夫科目诚可尚也，岂科目之外，更无一人乎？有人焉不独不为人知，即举世知之而不见用，非不欲用，不敢用也。一或用焉，则群起而咻诸，亦且自退缩，前后相戒，谨守资格……是故下多遗贤，朝多旷事，仕法之过，端至是哉！ ①

举全国聪明才智之士的精力集中于科举，科举名额有规定，考试规定便日趋严酷，搜检防闲，如对盗贼，祈寒盛暑，苦不可言。艾南英曾描写明代科举的苦况说：

> 试之日，衔鼓三号，虽冰霜冻结，诸生露立门外。督学衣裤坐堂上，灯烛辉煌，围炉轻暖自如。诸生解衣露足，左手执笔砚，

---

① 《王文恪公文集》卷二三，《容庵葛君家传》。

右手执布袜，听郡县有司唱名，以次立甬道，至督学前。每诸生一名，搜检军二名，上穷发际，下至膝踵，裸腹赤踝，为漏数箭而后毕，虽壮者无不齿震冻慄，腰以下大都寒沍僵裂，不知为体肤所在。遇天暑酷烈，督学轻绮荫凉，饮茗挥箑自如。诸生什佰为群，拥立尘坌中，法既不敢挥扇，又衣大布厚衣，比至就席，数百人夹坐，蒸薰腥杂，汗流夹背，勺浆不入口，虽有供茶吏，然率不敢饮，饮必朱钤其牍，疑以为弊，文虽工，降一等，盖受困于寒暑者如此。

既试，东西立瞭望军四名，诸生无敢仰视四顾，丽立伸欠、倚语侧席者，则又朱钤其牍，以越规论，文虽工，降一等，用是腰脊拘困，虽溲溺不得自由，盖所以絷其手足便利者又如此。所置坐席取给工吏，吏大半侵渔所费，仓卒取办临时，规制狭迫，不能舒左右肱，又薄脆疏缝，据坐稍重，即恐拆仆。而同号诸生尝十余人，率十余坐，以竹联之。手足稍动，则诸坐皆动，竟日无宁时，字为跛踦。①

中叶以后，士风日替，怀挟抢替，成为习惯。徐学谟说：

会闱自庚戌（嘉靖二十九年，公元1550年）后，举子多怀挟博进取，有掇大魁者，始犹讳之。至丙辰（嘉靖三十五年，公元1556

---

① 《天傭子文集》卷二。

年）以来，则明言而公行之矣。此仕进之一大蠹也。[1]

奔竞嘱托，毫无忌惮。陈洪绪记：

近时奔竞最甚，无如铨选、考试两端。督学试士，已不免竿牍纷沓。若郡邑之试，请嘱公然，更不复略为讳，至有形之章奏，令童子纳金饷，无使缙绅专利者。[2]

到末年，则士子多以关节得第，商人、地主的子弟以金钱换科名：

科场之事，明季即有以关节进者。每科五六月间，分房就聘之期，则先为道地，或伏谒，或为之行金购于诸上台，使得棘闱之聘，后分房验取如握券而得也。每榜发不下数十人。[3]

在这制度之下所造成的新官僚，以利进自然以利终，读书受苦是为得科名，辛苦得科名是为发财做官，做官的目的是发财，由读书到发财成为一连串的人生哲学。黄省曾曾说当时的士人以士为贾：

---

① 《世庙识余录》卷二〇。
② 《寒夜录》上。
③ 《研堂见闻杂记》。

吴人好游托权要之家……家无担石者入仕二三年即成巨富。由是莫不以士为贾，而求入学庠者，肯捐百金图之，以大利在后也。[①]

谢肇淛更指出这制度和吏治的关系，和社会风气的关系，和家庭教育的关系：

今之人教子读书，不过取科第耳，其于立身行己不问也。故子弟往往有登朊仕而贪虐恣睢者。彼其心以为幼之受苦，政为今日耳。志得意满，不快其欲不止也。[②]

刘宗周所论士习之坏影响于政治及社会，尤为明切。他说：

自科举之学兴而士习日坏，明经取金紫，读易规利禄，自古而然矣。父兄之教，子弟之学，非是不出焉。士童而习之，几与性成，未能操觚，先熟钻刺，一入学校，闯行公庭。等而上之，势分虽殊，行径一辙，以嘱托为通津，以官府为奴隶，伤风败俗，寡廉鲜耻，即乡里且为厉焉，何论出门而往，尚望其居官尽节，临难忘

---

① 《吴风录》。
② 《五杂俎》卷一三。

身，一效之君父乎？此盖已非一朝一夕之故矣。^①

由此可知这个时代的吏治贪污，寡廉鲜耻，是有其历史的背景的。进学校得科名的唯一手段是作制义——八股文，此外的学问都非必要，不妨束之高阁。因此，在这制度下所造成的学风是空疏浅薄的，除八股外，于历史、政治、经济各方面一无所知，哲学、科学更是莫名其妙，这弊病明初学者宋濂即曾痛快地指出。他说：

治古之时，非惟道德纯一而政教修明，至于文学之彦，亦精赡弘博，足以为经济之用。盖自童草之始，十四经之文，画以岁月，期于默记，又推之于迁、固、范晔之书，岂直览之，其默记亦如经，基本既正，而后偏观历代之史，察其得失，稽其异同，会其纲纪，知识益且至矣，而又参于秦汉以来之子书，古今撰定之集录，探幽索微，使无遁情。于是道德性命之奥，以至天文、地理、礼乐、兵刑、封建、郊祀、职官、选举、学校、财用、贡赋、户口、征役之属，无所不诣其极。或庙堂之上有所建议，必旁引曲证以白其疑，不翅指诸掌之易也。自贡举法行，学者知以摘经拟题为志，其所最切者，惟四子一经之笺，是钻是窥，余则漫不加省，与之交谈，两目瞠然视，舌木强不能对。呜呼！一物不知，儒者之耻，孰

---

① 《刘子文编》卷八，《与张太符太守》。

谓如是之学，其能有以济世哉！①

中叶时，唐顺之也说：

经义策试之陋，稍有志者莫不深病之矣……至于以举业为教，则稍有志者亦知深病其陋矣。②

谢肇淛亦大加攻击：

我国家始以制义为不刊之典，士童而习之，白而纷如。文字之变，日异月更，不可穷诘，即登上第取华朊者，其间醇疵相半，瑕瑜不掩，十年之外，便成刍狗，不足以训今，不可以传后，不足以裨身心，不足以经世务，不知国家何故以是为进贤之具也。③

末年，周顺昌至坦白自悔不多读书，为一不识时务进士：

漫以书生当局，其筹边治河大政无论，问以簿书钱谷之数天下几何，茫然不能对。始知书不可不多读。平日止为八股徒，做一不

① 《銮坡集》卷七，《礼部侍郎曾公神道碑铭》。
② 《荆川文集》卷四，《答俞训导书》。
③ 《五杂俎》卷一五，《事部》。

识时务进士，良可叹也。[①]

清吴翌凤记一明巨公故事，虽未免刻薄，却是史实：

故明一巨公致政家居，偶过友人书塾，询其子弟所读何书，曰《史记》。问何人所作，曰司马迁。又问渠是何科进士，曰汉太史令，非进士也。巨公取其书略观之，即掩卷曰亦不见得。[②]

在这制度下的这个时代，学术思想的贫乏，是必然的，也是应该原谅的，因为他们根本不许有思想。[③]政治家、财政家的寥寥可数，也是有其社会背景的，有其特别的原因的，因为那个时代根本没有培养这类人才的专门教育。学校原来是育人才之所，明制乡里有社学，府州县有府学、州学、县学，卫所有卫学，南北两京则有国子监。《明史》说：

盖无地而不设之学，无人而不纳之教，庠声序音，重规叠矩，无间于下邑荒徼，山陬海涯，此明代学校之盛，唐宋以来所不及也。[④]

---

①　《炀余集·与朱德升孝廉书》。

②　《灯窗丛录》卷四。

③　参见吴晗：《元帝国之崩溃与明之建国》。

④　《明史·选举志》。

表面看上似乎真是极一代之盛，"唐宋以来所不及"。然而事实上恰好相反，我们先看社学的情形，明太祖曾严斥官吏以社学扰民：

社学一设，官吏以为营生，有愿读书者，无钱不许入学。有三丁四丁不愿读书者，受财卖放，纵其愚顽，不令读书。有父子二人，或农，或商，本无读书之暇，却乃逼令入学。有钱者又纵之，无钱者虽不暇读书亦不肯放，将此凑生员之数，欺诳朝廷。①

此后便无声无息，名实都亡了。至于府州县学，以明制诸生入仕必由科举，学校失去独立培养人才的地位，在开国后即已不为社会所重视。宋濂曾说：

近代以来，急于簿书期会，而视教民为悠缓，司学计者以岁月序迁，豪右海商，行贿觅荐，往往来倚讲席，虽有一二君子获厕其中，孤薰而群莸，一鼓吻，一投足，辄与之枘凿。唯彼饮食是务，号称子游氏之贱儒者，日月与居，是故稍励廉隅者不愿入学，而学

---

① 《大诰》第四四。《明太祖实录》卷一五七："洪武十六年十月癸巳，诏郡县复设社学。先是命天下有司设社学以教民间子弟，而有司以是扰民，遂命停罢。至是复诏民间自立社学，延师儒以教子弟，有司不得干预。"《续诰》吉州科敛第五七："吉州知州游尚志指以生员为由，逼令为生员者二百余户，勾至受赃放回。"

行彰彰有闻者，未必尽出于弟子员。①

中叶以后，则学校竟如废寺，无复生徒肄业。陆容记：

作兴学校，本是善政，但今之所谓作兴，不过报选生员，起造屋宇之类而已。此皆末务，非知要者……况今学舍屡修，而生徒无复在学肄业，入其庭不见其人，如废寺然，深可叹息。②

两京国子监也日渐废弛，学生品质不齐，人才日下，郭明龙任国子监祭酒，《条陈雍政疏》说：

臣初试士，举人仅五七人，其文理优长，考在前列者，尽选贡耳。向非选贡一途，太学几无文字矣。臣窃叹天下府州县学之士，尽皆属文，而太学之士，乃半居写仿。又府州县学之士，不无以文理被黜而来，与夫商贾之挟重稯重，游士之猎厚藏者，皆得入焉。是古之太学，诸侯进其选士、造士，最优、最上者贡之天子；而今之太学，郡邑以其被谤被黜、无文无行者纳之辟雍，良可叹也。郭去，刘幼安代之，朱国桢为司业。刘每叹曰："成

---

① 《翰苑别集》卷一，《送翁好古教授广州序》。
② 《菽园杂记》卷一三。

江南贡院
W.E.盖洛（William Edgar Geil 1865-1925）1903年所拍照片

甚国学，朝廷设此骗局，骗人几两银子，我为长，兄为副，亦可
羞也。"①

　　这是明代的国立中央大学校长告诉他的教务长的老实话。

　　在这一套的教育组织下，自然谈不到培养人才。而且，国子监
从景泰元年（公元1450年）开纳粟之例以后，豪绅、地主、商人
的子弟都可因纳粟纳马而入监，称为例监。②末年地方学也因军费
的需要逼切，可以用钱买取，有辽生、饷生、赞生种种名目。包汝
楫记：

　①　朱国桢：《涌幢小品》卷一一。
　②　参见《明史》卷六九，《选举志》。

　　自军饷烦兴，开辽生之例，每名输银百两有奇，给授衣巾，愿考试者学臣一体黜陟，不与考者青衿终身，尚有限制也。楚中协济黔饷，别有饷生之例，每名仅二十两，亦滥极矣。武陵、桃、沅间又有所谓赞生，纳银五六两，县给札付，专司行香拜贺赞礼，服色与诸生同，混见道府州邑，称谓、起居一如诸生礼节，昂步街市，人不敢呵，此亦学官一玷也。[①]

　　因之，一般商人和地主的子弟，虽目不识丁，亦相率掉臂而入学校，避赋役，列缙绅，俨然是社会上的上层人物了。

　　反之，家徒四壁的寒士只要一入学校，取得学校的制服——青衿以后，其地位便已超出庶民，作威乡里。等到一中了举，情形更是喧赫，通谱的、招婿的、投拜门生的、送钱的都争先恐后地来包围了。顾公燮记明人中举情形：

　　明季缙绅，威权赫奕。凡中式者，报录人多持短棍，从门打入，厅堂窗户尽毁，谓之改换门庭，工匠随行，立即修整，永为主顾。有通谱者、招婿者、投拜门生者，承其急需，不惜千金之赠，以为长城焉……出则乘大轿，扇盖引导于前。生员则门斗张油伞前导。婚丧之家，绅衿不与齐民同坐，另构一堂名曰大宾堂，盖徒知

---

　　①　《南中纪闻》。

尚爵而不知尚德尚齿矣。^①

　　清人吴敬梓所作《儒林外史》，穷秀才范进中举一段绝妙文字，正是顾公燮所记这情形的绝妙注脚。

　　而且，不但社会地位改变了，连经济地位也改变了。一中了举，中了进士，或做了官以后，一般困于徭役的小自耕农，自然会把田土投靠在一批新贵的门下，避免对国家的负担。因此，这一批新仕宦阶级，同时也就是大地主。反之，大商人、大地主的子弟可以拿金钱换取科第甚至官位，以此，这两种剥削者同时也成为新仕宦阶级。新仕宦阶级有地位，有大量的土地和金钱，剩余的财货的投资目标是兼并土地和经营商业，因此，他们同时又是大商人。官僚、地主、商人三位一体的仕宦阶级，是有明一代政治的、社会的、经济的、文化的重心，也是大明帝国政权所寄托的基础。

---

① 《消夏闲记摘抄》上。

论士大夫：墙头草，随风倒

照我的看法，官僚、士大夫、绅士、知识分子，这四者实在是一个东西。虽然在不同的场合，同一个人可能具有几种身份，然而，在本质上，到底还是一个。在这里，为了讨论上的方便，我们还是不能不按照这四个不同的名词，分开来讨论所谓"士大夫"。

平常，我们讲到士大夫的时候，常常就会联想到现代的"知识分子"。这就是说，士大夫与知识分子，两者间必然有密切的关系。官僚是就士大夫在官位时的称号，绅士则是士大夫的社会身份。本来，士大夫是封建社会的标准产物，而知识分子则是半封建半殖民地社会的标准产物。或者说，今日的知识分子，在某些方面相当于过去时代的士大夫，过去的士大夫有若干的特性还残存在今日知识分子的劣根性里面。

从历史上来看，大夫原来在士之上，大夫是王侯的家臣，而士则是大夫的家臣。古代的士，原是武士，主要的职责是从事战争，是武士而非文士。一向被王侯大夫养着，叫作养士，这里所谓"养"，正和养鸡、养猪、养牲口同一道理，同一性质。"食人之禄，忠人之事。"受谁豢养，给谁效劳，吃谁的饭，替谁作事，有奶便是娘，要想吃得肥、吃得饱就得卖命去干。到后来由于社会的动荡变化，王侯贵族失去了所继承的一切，不但没有人养得起士，连原来养士的人也不能不被人所养了。这时候，士不可能再捧着旧衣钵，吃闲饭，只好给人家讲讲故事，教书，办事，打杂，作傧相办红白大事，作秘书跑腿过日子，于是一变而为文士，从帮凶变成帮闲的。跟着，找到了新路，不是作王侯的家臣，而是从选举征辟等途径，攀上了高枝儿，作皇帝的食客雇工，摇身一变为大夫，为官僚。于是，几千年来，士大夫联成了一个名词，具有特定的内容、特征。

士大夫的内容，特征是什么呢？分析地说：

第一，士大夫有享受教育机会的特权，独占知识，囤积知识，出卖知识，"学成文武艺，货与帝王家。"知识商品化，就这点而论，士大夫和今天的知识分子完全一样。

过去的国立学校，无论是太学、国子学、国学，以至国子监等，学生入学的资格是依父祖的官位品级，平民子弟极少机会入学，甚至完全不许入学。

第二，士大夫的地位，处于统治者和被统治者之间，上面是定于一尊的帝王，下面是芸芸的万民。对主子说是奴才，奴才是应该忠心替主人服务的，依权附势，从服务得到权位和利益，分享残羹剩饭。对人民说，他们又是主子了，法外的榨取、剥削、诛求，兼并土地，包庇赋税，走私囤积，无所不用其极。对上面是一副奴颜婢膝的脸孔，对下面是另一副威风凛凛的脸孔，这两副面孔正如《镜花缘》里所描写的，对人一副笑脸，背后的一副用布蒙住，士大夫用的这块布，上面写着"仁义道德"四个大字。对主子劝行王道、仁政，采取宽容作风，留母鸡下蛋。对人民，欺骗、威吓、麻醉，制造出种种理论，来掩饰剥削的勾当。比如大家都反饥饿，他们曾说："没饭吃，平常事。饭该给有功的人吃，因为人家在保护你们。为什么要吵吵闹闹呢？何况有的是草根、树皮！"甚至说："要那么些钱干什么，已经差强人意了，还要闹，失去清高身份！"理论没人理，跟着是刑罚，所谓"齐之以刑"。再不生效，更严重的一套就来了。两面作风，其实是一个道理，就是不要变，不要乱。如果非变不可，也要慢慢地变，一点一滴地变，温和地变，万万不能乱，为的是一变就不能不损害他们的既得利益，乱更不得了，简直要从根挖掉他们的基业。他们要保持现状，要维持原来的社会秩序，率直一点说，也就是维持自己的财产和地位，这类人用新名词说，就是所谓自由主义者。

第三，士大夫享有种种特权。例如，免赋权，免役权，作各级官吏之权，居乡享受特殊礼貌之权，包办地方事业之权，打官司奔走公门之权，作买卖走私漏税之权，畜养奴婢之权，子孙继承官位，和受教育之权等。老百姓要缴纳田租，他们可以不缴，法律规定，官品越高，免赋越多，占有土地的负担越小，造成了经济地位的优越。老百姓要抽壮丁，"有吏夜捉人"，不管三丁抽一或是五丁抽二，总之是要出人，但是，士大夫却不必服役。例如南北朝时代士族不服兵役，明朝也有"家里出了个生员，就可免役二丁"的规定。说到做官，这本是士大夫的本分，即使不做官了，在乡作绅士，也还享有特殊礼貌，老百姓连和绅士同起坐、同桌吃饭都是不许可的。如果乡里要举办一些事业，所谓"自治"，例如修路、救灾、水利、学校等，士大夫是天然的领袖。要贩运违法货物，有作官的八行书就可免去关卡留难。畜养奴婢，只要财力许可，几千几万都为法律所承认。此外，还有师生、同年、同乡、亲戚，种种关系可以运用，任何角落里都有人情面子，造成一股力量，条条大路都可通行。

第四，相反的，士大夫对国家、民族没有义务，不对任何人负责。不当兵，不服役，不完粮纳税，一切负担都分嫁给当地老百姓。一个地方的士大夫愈多，地方的百姓就愈苦。遇有特殊变故，要"有钱出钱，有力出力"的时候，出力的固然是百姓，出钱的还是百姓，士大夫是一毛不拔的，有时候还从中渔利，发一笔捐献财。

第五，因为知识被专利，所以舆论也被垄断了。历史上所谓"清议"，一向是士大夫包办的。只有士大夫才会写文章著书，才有资格说话，老百姓是没有份的，即使说了也不过是"刍荛之见"，上达不了，即使上达了，也无人看重。东汉后期的太学生，明末的东林党，清代末年的戊戌变法，都只是站在士大夫立场上，对损害他们的另一剥削集团的斗争——对宦官、外戚、贵族的斗争，和老百姓是不大相干的。

第六，士大夫也就是地主，因为他们可以凭借地位来取得大量土地，把官僚资本变成土地资本，士大夫和地主其实是同义语。反之，光是地主而非士大夫是站不住的，苛捐杂税，几年功夫就可以把这些不识时务的地主毁灭。因之，地主子弟千方百计要钻进士大夫集团，高升一步，来保全并发展产业。地主所看到的是收租的好处，看不见的是农民的困苦。通常形容士大夫"四体不勤，五谷不分"，不但不明白农民的痛苦，甚至连孔子那样人，都以不坐车而步行为失身份。因之，在思想上，在政治上，都是保守的，共同的要求是保持既得利益，无论如何要巩固维护现状，反对一切变革、进步。从整个集团利益来看，士大夫是反变革的，反进步的，也是反动的。最多，也只能走上改良主义的道路。当然，也有形式上是进步的，例如 1898 年的康有为和梁启超，要求变法，对当时守旧官僚说，比较上是进步的，可是在本质上，他们要求变法的目的，是在保存旧统治权，保存皇帝，也就是保存他们自己的地位和利益，他们的进步立场，只是士大夫本位的形式上的进步，和一般人民的利益并不一致。

由上面的分析，士大夫是站在人民普遍愤怒与专制恐怖统治之间，也站在要求改革要求进步与保守反动之间。用新名词来说是走中间路线，两面都骂，对上说不要剥削得太狠心，通通都刮光了那我们吃什么。对下则说你们太顽强，太自私，太贪心，又没有知识，又肮脏，专门破坏，专门捣乱，简直成什么东西。其实这些都可以回敬给他们，等于自己骂自己。他们之所以要表示超然的态度，上不着天，下不着地，吊在半空间，这是有好处的。像清朝的曾、左、李诸公，帮助清朝稳定了江山，便青云直上，在汉人满人之间发展自己。两面骂的好处是万一旧王朝倒了，便可投到新主人的怀抱里，他不是曾经骂过那已经倒了的旧王朝吗？反正不管谁上台总有他们的戏唱，这就是士大夫走中间路线的妙用与作风。

这种士大夫的典型例子，在历史上可以找到不知多少，简直数不胜数。这里只随便举几个谈谈。

一个是钱谦益，明末时候的人，少年时候和东林党混在一起，反贪污，反宦官。后来被政敌一棍打下来之后立刻变成了"无党无派"，在乡间住了几年又变成了"社会贤达"。1644年机会一到，一跃而为礼部尚书，无党无派和社会贤达的衔头都不要了。对东林党人则说：我是当年反贪污、反宦官的健将，对当局则拼命献身。清兵一来，首先投降的就是他，死后清廷把他放入"贰臣传"之内。此公不但政治节操如此，在乡间当社会贤达时就是标准的土豪劣绅，无恶不作。

第二个是侯恂，《桃花扇》里面所说的侯朝宗的父亲，此公是明末的重臣，李自成入北京，他就降李自成，清兵入关他就降清，可以说是三朝元老。

　　还有，再举个明末的例子吧，《燕子笺》的作者阮大铖。他是有名的戏剧家，《燕子笺》《春灯谜》，技巧都不坏，为了娱乐讨好弘光皇帝，清兵快到南京时，他还在忙着找好行头，在宫里献演自己的大作。此公一生，可以分为整整七个时期：第一期，没有大名气，依附同乡东林重望左光斗（阮是安徽人），钻进党去，成了名。第二期，急于作官，要过瘾，要作又大又有权的官。东林看不惯他的卑劣手段，不给他帮忙，于是此公一气之下，立刻投奔魏忠贤，拜在门下做干儿子，成为东林的死对头。替干爹出主意，大抄黑名单。第三期，东林给魏阉一网打尽，他也扶摇直上，和干爹关系很好。可是他很明白大势，预留地步，每次见干爹都花钱给门房买下名片，灭了证据，自打主意。第四期，魏党失败了，此公立刻反咬一口，清算总账，东林、魏党两边都骂。为什么呢？——表明他是中间分子，不偏不倚。可是人民眼睛是雪亮的，还是给削了官，挂名逆案，呜呼哀哉，一辈子都没有做官的希望了。于是闲居十九年，做社会贤达写写剧本，成为第一流的文学家。第五期，南方名士们创立复社，热闹得很，贵公子都在里面。此公穷居无聊，沉不住气，于是谈兵说政，到处抬出东林的招牌来作自我宣传，想混进复社去把党人收作自己的群众。说："我是老东林，跟你们上代有交情，你们捧捧我吧！"不想那些青年人可真凶，火气大，给他下不来，发宣言（揭帖）指出他一桩一桩的罪状，一棍打击下去，此公又吃了一次亏,气得发昏。第六期,北都倾覆,政局变了,南朝一个军阀马士英给福王保镖成立新政府。阮受了几年气,于是又勾上了马相国,做了兵部尚书。此公于是神气十足,一边大发议论,武力不以对外,清兵来还好说话,左兵来可难活命。外战不来,内战拼命,一边重翻旧案,排斥东林,屠杀青年,利用特务,要大报旧仇。开了两纸黑名单,一纸五十三名,一纸百〇八名,的的确确送了不少人进集中营,也的的确确杀了不少人。同时大肆贪污(所谓"职方贱似狗,都督满街走",正是南京政府的写照,也正是这样把南京搞垮了台)。第七期,清兵南下,此公投降了,但是看看福建又建立了新政府,想投机通通消息,结果为清军所杀。此公的变化多端,大概前所未有,然而万变不离宗,总是那么一副嘴脸,为自己打算。

当然,也有天良还剩一丝丝儿的,例如吴梅村,也是风流才子,而且是士大夫的领袖。明亡后,清朝逼他做官,因为怕死,守不住节,只好去作官了。把过去半生的清名,连同社会贤达的牌子都打烂了,一念之差,在威迫利诱之下走错了路,悔恨交加,临死时做了一首绝命词:"万事催华发,论龚生天年竟夭,高名难没,吾病难将医药治,耿耿胸中热血,待洒向西风残月。剖却心肝今置地,问华佗,解我肠千结,追往恨,倍凄咽,故人慷慨多奇节,为当年沉吟不断,草间偷活,艾灸眉头瓜喷鼻,今日须难诀绝,早患苦重来千叠,脱屣妻孥非易事,竟一钱不值何须说,人世事,几完缺?"

如以上许多例子，岂不是士大夫都是没有骨头的？都是出卖自己灵魂的？或者都是"难将医药治"的？假如引历史上某一时期如南朝作例——史家都说是"南朝无死难之臣"，这是错的。当时，政权虽不断变换，而士大夫阶层所形成的集团的特权并没有变更，这一个集团有着政治力量所不能摧毁的，在社会、政治、经济、军事各方面的领导地位，他们本身的利益既不受朝代变换的倾轧，那他们又为什么要替寒人出身的一些皇帝死节呢？假如再引别的时代的例子，例如汉代的范滂、陈蕃，唐代的颜真卿、张巡、许远，宋代的文天祥，明代的杨继盛、杨涟、左光斗、史可法，清代的谭嗣同，为了他们的信念，为了他们的阶层利益，为了他们所保卫的特权而死，史书叫作忠臣义士的，这一类的例子也很多。这一些人都是士大夫，虽然失败，是有骨头的，有血有肉，有灵魂的，是忠于封建社会的封建道德的，——和前一类的人正是一个鲜明的对比。

当两个朝代交换，或者是社会有很大的改革的时候，往往是对人的一种考验。现在恐怕又是到了一个考验的时候了，这考验包括你也包括我。我们看见了许多阮大铖、吴伟业、钱谦益；同时我们也看见许多谭嗣同、范滂、文天祥。面对着这考验，也有许多人打着自由主义的招牌出现，那么也让历史来考验他们罢。历史是无情的，在这考验下面，我们将会看到历史的悲剧，也是这些自由主义者的悲剧。固然我们不希望今后的文学作品里再发现"绝命词"一类的作品，然而历史始终是无情的。

论绅权：士绅特权多，平民难翻身

"绅权固当务之急矣！"

前几天，读到胡绳先生的《梁启超及其保皇党思想》（《读书与出版》第三卷第三期）。他指出，梁启超是主张"兴绅权"的人，以兴绅权为兴民权的前提：

受"甲午之战"失败的刺激，又受"维新运动"宣传的影响，湖南省出现了一批新的绅士，他们企图以一省为单位实行一些新政，达到省自治的目的，以便在全国危亡时，一省还可自保。这样的想法在当时各省的绅士门阀中都有，不过在湖南，因地方长官同情卵翼这些想法，所以特别发达。梁启超入湘后，除办时务学堂外，又和当地绅士合组南学会。康有为这时仍全神贯注于向皇帝上书，而梁启超则展开了在湖南绅士中的工作。他甚至鼓吹"民权"，但他说的却是："欲兴民权，宜先兴绅权；欲兴绅权，宜以学会为之起点。"又说："绅权固当务之急矣，然他日办一切事舍官莫属也。

即今日欲开民智，开绅智，欲假手于官力者尚不知凡几也。"（《上陈宝箴书》）——由此可见，他的想法是在官僚的支持下建立地方绅士的权力，这就是他的"民权"思想。

这一段话不但清理出五十年前梁启超的绅权论，也指出五十年前一般绅士对救亡维新的看法。其要在"欲兴民权，宜先兴绅权（开绅智）；欲兴绅权，宜以学会为之起点"。结论是学会为兴民权之起点的起点，而办这些事，欲假手于官力者不知凡几也。

梁启超先生本人是当时的绅士，他看绅权和民权是两件事，绅权和官权则是一件事，无论就历史的或现实的意义说，都是正确的。

五十年前的保皇党，五十年后的自由主义者，何其相似到这步田地？历史是不会重演的，绅权也无从兴起，即使有更多的"援"，更多的"货"，也还是不相干！

"为与士大夫治天下"

官僚、士大夫、绅士，是异名同体的政治产物，士大夫是综合名词，包括官僚、绅士两专名。官僚、绅士必然是士大夫，士大夫可以指官僚说，也可以指绅士说。官僚是士大夫在官时候的称呼，而绅士则是官僚离职、退休、居乡（当然居城也可以），以至未任官以前的称呼。例如梁启超以举人身份，在办学堂、办报、办学会，非官非民，可以作官，或将要作官。而且，已经脱离了平民身份，经常和官府来往，可以和官府合作。

绅士的身份是可变的，有尚未作官的绅士，有作过多年官的绅士，也有作过了官的绅士，免职退休，不甘寂寞，再去作官的。作过大官的是大绅士，作小官的是小绅士，小官可以爬到大官，小绅士也有希望升成大绅士，自己即使官运不亨，还可指望下一代。不但官官相护，官绅也相护，不只因为是自己人，还有更复杂的体己利害关系。譬如绅士的父兄亲党在朝当权，即使不是权臣而是御史之类有弹劾权的官。更糟的是居乡的宰相公子公孙，甚至老太爷、老岳丈，一纸八行，可以摘掉地方官的印把子，这类人不一定作过官，甚至不一定中过举，一样是大绅士。至于秀才、举人、进士之类，眼前虽未作官，可是前程远大，十年八年内难保不作巡方御史，以至顶头上司，地方官是决不敢怠慢的。《儒林外史》中范进中举后的情形，便是绝好的例子。

以此，与其说绅士和地方官合作，不如说地方官得和绅士合作。在通常的情况下，地方官到任以后的第一件事，是拜访绅士，联欢绅士，要求地方绅士的支持。历史上有许多例子指出，地方官巴结不好绅士，往往被绅士们合伙告掉，或者经由同乡京官用弹劾的方式把他罢免或调职。

官僚是和绅士共治地方的。绅权由官权的合作而相得益彰。

贪污是官僚的第一德行，官僚要如愿发扬这德行，其起点为与绅士分润，地方自治事业如善堂、积谷、修路、造桥、兴学之类有利可图的，照例由绅士担任；属于非常事务的，如办乡团、救灾、赈饥、丈量土地、举办捐税一类，也非由绅士领导不可，负担归之平民，利益官绅合得。两皆欢喜，离任时的万民伞是可以预约的。

上面所说的地方自治事业，和现代所谓"自治"意义不同，不容混为一谈。而且，这类事业名义上是为百姓造福，实质上是为官僚、绅士聚财，假使确曾有一丝丝利及平民的话，那也只是漏出来的涓滴而已。旧时许多管税收的衙门墙上四个大字"涓滴归公"，正确的解释是只有一涓一滴归公，正和这个情形一样。

往上更推一层，绅士也和皇权共治天下。

绅权和皇权的关系，即士大夫的政治地位在历史上的变化，大体上可以分三个时期，第一时期从秦到唐，第二时期从五代到宋，第三时期从元到清。当然这只是大概的划分，并不包含有绝对的年代意义。

具体的先从君臣的礼貌来说吧，在宋以前，有三公坐而论道的说法，贾谊和汉文帝谈话，不觉膝之前席，可见都是坐着的。唐初的裴监甚至和高祖共坐御榻，十八学士在唐太宗面前也都还有坐处。可是到宋朝，便不然了，从太祖以后，大臣在皇帝面前无坐处，一坐群站，三公群卿立而论政了。到明清，不但不许坐，站着都不行，得跪着奏事了，清朝大官上朝得穿特制的护膝，怕跪久了吃不消。由坐而站、而跪，说明了三个时期君臣的关系，也说明了绅权的逐步衰落和皇权的节节提高。

从形式再说到本质。

前一时期的典型例子是魏晋六朝的门阀制度。

汉代的若干世宦家族，如关西杨氏、汝南袁氏之类，四世三公，门生故吏遍天下，庄园遍布州县，奴仆数以千计，有雄厚的经济基础。在黄巾动乱时代，地方豪族如孙策、马超、许褚、张辽、曹操之类，为了保持土地和特殊权益，组织地主军队保卫乡里，造成力量，有部曲，有防区，小军阀投靠大军阀，三个大军阀三分天下，这两类家族也就占据高位，变成高级官僚了。大军阀作了皇帝，这些家族原是共建皇业的，利害共同，在九品中正的选举制度下，"上品无寒门，下品无势族"，大官位为这些家族所独占。东晋南渡，司马家和王、谢等家到了建康，东吴的旧族顾、陆、朱、张诸家虽然是本地高门，因为是亡国之余，就吃了亏，在政治地位上屈居第二等。这些高门世执国政，王、谢子弟更平步以至公卿，到刘裕以田舍翁称帝，陈霸先更是寒人，在世族眼里，皇家只是暴发户，朝代尽管改换，好官我自为之。士大夫集团有其传统的政治、社会、经济以至文化地位，非皇权所能增损，绅权虽然在侍候皇权——因为皇帝有军队——目的在以皇权来发展绅权，支持绅权。经隋代两帝的有意摧残，取消九品中正制，取消长官辟举僚属办法，并设进士科，用公开的考试制度，以文字来代替血统任官，但是，文字教育还是要花钱买的，大家族有优越的经济地位、人事关系，唐朝三百年的宰相，还是被二十个左右的家族所包办。

南北朝时代的世家大族（《高逸图》）

门阀制度下的绅权有历史的传统，有庄园的经济基础，有包办选举的工具，甚至有依门第高下任官的制度，有依族姓高下缔婚的风气，高门华阀成为一个利害共同的集团。并且，公卿子弟熟习典章制度，治国（办例行公事）也非他们不可。在这情形下，绅权是和皇权共存的，只有两方合作才能两利。而且，皇帝人人可做，只要有军力便行。士大夫却不然，寒人门役要成为士大夫，等于骆驼穿针孔，即使有皇帝手令帮忙，也还是办不到。何事非君，绅权可以侍候任何一姓的皇权，一个拥有大军的军阀，如得不到士大夫的支持，却作不了皇帝。

考试制度代替了门阀制度，真正发挥作用是10世纪的事。

经过甘露之祸、白马之祸，多数的著名家族被屠杀。经过长期的军阀混战，五代乱离，幸存的士族失去了庄园，流徙各地，到唐庄宗作皇帝时，要选懂朝廷典故的旧族子弟作宰相都很不容易了。宋太祖、太宗只好扩大进士科名额（唐代每科平均不过三十人，宋代多至千人）。用进士来治国，名额宽，考取容易，平民出身的进士在数量上压倒了残存的世族。进士一发榜即授官，进士出身的官僚绅士和皇权的关系是伙计和掌柜，掌柜要买卖作得好，得靠伙计卖劲，宋朝家法优礼士大夫，文彦博说为与士大夫共治天下，正是这个道理。

和前一时期不同的，前期的世族子弟有了庄园，才能中进士、作官，再去扩大庄园。这时期呢，作了官再置庄园，名臣范仲淹置苏州义庄，派儿子讨租，讨得几船谷子便是好例子。

更应该注意的是印刷术发明了，得书比较容易，书籍的流通比较普遍，知识也比较不为少数家族所囤积独占，平民参加考试的机会增加了；"遗金满籯，不如教子一经"。念书，考进士，作官，发财，"万般皆下品，惟有读书高"。"天子重英豪，文章教尔曹"，政府的提倡，社会的鼓励，作官作绅士得从科举出身，竭一生的聪明才智去适应科举，"天下英雄入我彀中"，皇权永固，官爵恩泽，出于皇帝，士大夫不能不为皇帝所用，共存谈不上，共治也将就一下了。皇家是士大夫的衣食饭碗，非用全力支持不可，士大夫是皇家的管家干事，俸禄从优，有福同享，君臣间的距离不太近，也不太远，掌柜和伙计间的恩意是密切照顾到的。

从共存到共治已经江河日下了。元明清三代连共治也说不上，从合伙到作伙计，猛然一跌，跌作卖身的奴隶，绅权成为皇权的奴役了。

蒙古皇朝以马上得天下，也以马上治天下，军中将帅就是朝廷的官僚，军法施于朝堂，朝官一有过错，一顿棍子、板子、鞭子，挨不了被打死，侥幸活着照样作官。明太祖革了元朝的命，学会了这一套，殿廷杖责臣僚，叫作"廷杖"，在历史上大大有名。光打还不够，有现任官僚足办事的，有戴斩罪办事的。不但礼貌谈不上，连生命都时刻在死亡的威胁中。皇帝越威风，士大夫越下贱，要不作官吧，有官法硬给绑出去，非作不可，再不干，便违反了皇章，"士不为君用"，得杀头。君臣的关系一变而为主奴，说是主奴吧，连起码的主子对奴才的照顾也不存在的。前朝的旧家巨室被这个党案、那个逆案给扫荡光了，土地财产被没收。老绅士绝了种，用八股文所造成的新绅士来代替，新绅士是从奴化教育里成长的，不提反抗，连挨了打都是"恩谴"，削职充军，只要留住脑袋便感谢圣恩不尽，服服帖帖，比狗还听话。到清朝，旗人对皇帝自称奴才，汉官连自称奴才的资格也不够，不但见皇帝得跪，连见同事的王爷贝勒也得跪。到西方强国来侵略，打了几次败仗，订结了多少次屈辱条约以后，皇权动摇，洋权日盛，对皇权的自卑被洋人所代替，结果是洋权控制了皇权，洋教育代替了八股，旧士大夫改装为知识分子以及自由主义者，出奴入主，要说说洋人所说的话，要听听国外的舆论，要做做外国人所示意的，在被谴责、被训斥之后，还得陪笑脸，以兴绅权为兴民权之起点，办报纸，立学会，假手于官力，为自己找"新路"，这些绅士除了服装以外，面貌是和五十年前那些人一模一样的。

绅权在历史上的三变，从共存到共治，降而为奴役，真是一代不如一代。历史说明了两千年来绅权的没落和必然的淘汰。梁启超的时代过去了，我们今天来研究这一五十年前被提出的课题，不但很有趣，也是很重要的。

关于历史上绅士所享受的特权，将在另一文中讨论。

晚明仕宦阶级的生活：权贵的奢侈你想象不来

一

晚明仕宦阶级的生活，除了少数的例外，（如刘宗周之清修刻苦，黄道周之笃学正身）可以用"骄奢淫佚"四字尽之。田艺衡《留青日札》记："严嵩孙严绍庚、严鹄等尝对人言，一年尽费二万金，尚苦多藏无可用处。于是竞相穷奢极欲。"《明史·严嵩传》记鄢懋卿之豪奢说："鄢懋卿持严嵩之势，总理两浙两淮长芦河东盐政，其按部尝与妻偕行，制五彩舆，令十二女子舁之。"万历初，名相张居正奉旨归葬时："真定守钱普创为坐舆，前舆后室，旁有两庑，各立一童子供使令，凡用舁夫三十二人。所过牙盘上食味逾百品，犹以为无下箸处。"①这种闹阔的风气，愈来愈厉害，直到李自成、张献忠等起来，这风气和它的提倡者才同归于尽。

其实，说晚明才有这样的放纵生活，也不尽然，周玺《垂光

---

① 《明史》卷二一三，《张居正传》。（此条引文出处似有误——编者注）

089

集·论治化疏》说："中外臣僚士庶之家，靡丽奢华，彼此相尚，而借贷费用，习以为常。居室则一概雕画，首饰则滥用金宝，倡优下贱以绫缎为袴，市井光棍以锦绣缘袜，工匠役之人任意制造，殊不畏惮。虽朝廷禁止之诏屡下，而奢靡僭用之习自如。"① 周玺（公元1461—1507）是弘正时人，可见在十六世纪初期的仕宦生活已经到这地步。风俗之侈靡，自上而下，风行草偃，渐渐地浸透了整个社会。堵允锡曾畅论其弊，他说："冠裳之辈，怡堂成习，厝火忘危，膏粱文绣厌于口体，宫室妻妾昏于志虑，一箸之费数金，一日之供中产，声伎优乐，日缘而盛。夫缙绅者士民之表，表之不戒，尤以成风。于是有纨袴子弟，益侈豪华之志以先其父兄，温饱少年亦竞习裘马之容以破其家业，挟弹垆头，吁庐伎室，意气已骄，心神俱溃，贤者丧志，不肖倾家，此士人之蠹也。于是又有游手之辈，习谐媚以蛊良家子弟，市井之徒，咨凶谲以行无赖之事，白日思群，昏夜伏莽，不耕不织，生涯问诸傥来，非士非商，自业寄于亡命，狐面狼心，冶服盗质，此庶人之蠹也。如是而风俗不致颓坏，士民不致饥寒，盗贼不致风起者未之有也。"②

---

① 《垂光集》卷一。
② 《堵文忠公集·救时十二议疏》。

二

大人先生有了身份有了钱以后，饱食终日，无所用心，自然而然会刻意去谋生活的舒适，于是营居室，乐园亭，侈饮食，备仆从，再进而养优伶，召伎女，事博弈，蓄姬妾，雅致一点的更提倡玩古董，讲版刻，组文会，究音律，这一集团人的兴趣，使文学、美术、工艺、金石学、戏曲、版本学等部门有了飞跃的进展。

八股家幸而碰上了机会，得了科第时，第一步是先娶一个姨太太（以今较昔，他们的黄脸婆还有不致被休的运气），王崇简《冬夜笔记》："明末习尚，士人登第后，多易号娶妾。故京师谚曰：改个号，娶个小。"

第二步是广营居室，作大官的邸舍之多，往往骇人听闻，田艺蘅记严嵩籍没时之家产，光是第宅房屋一项，在江西原籍共有六千七百四间，在北京共一千七百余间。[1]陆炳当事时，营别宅至十余所，庄园遍四方。[2]郑芝龙田园遍闽粤，在唐王偏安一隅的小朝廷下，秉政数月，增置仓庄至五百余所。[3]

士大夫园亭之盛，大概是嘉靖以后的事。陶奭龄说："少时越中

---

① 《留青日札》。
② 《明史》卷三〇七，《陆炳传》。
③ 林时对：《荷锸丛谈》卷四。

绝无园亭，近亦多有。"①奭龄是万历时代人，可见在嘉隆前，即素称繁庶的越中，士大夫尚未有经营园亭的风气。园亭的布置，除自己出资建置外，大抵多出于门生故吏的报效。顾公燮《消夏闲记》卷上说："前明缙绅虽素负清名者，其华屋园亭佳城南亩，无不揽名胜，连阡陌。推原其故，皆系门生故吏代为经营，非尽出己资也。"王世贞《游金陵诸园记》记南京名园除王公贵戚所有者外，有王贡士杞园、吴孝廉园、何参知露园、卜太学味斋园、许典客长卿园、李象先茂才园、汤太守熙召园、陆文学园、张保御园等。《娄东园亭志》仅太仓一邑有田氏园、安氏园、王锡爵园、杨氏日涉园、吴氏园、季氏园、曹氏杜家桥园、王世贞弇州园、王士骐约园、琅玡离贽园、王敬美澹园等数十园。园亭既盛，张南垣至以叠石成名："三吴大家名园，皆出其手。其后东至于越，北至于燕，召之者无虚日。"②

对于饮食衣服尤刻意求精，互相侈尚。《小柴桑喃喃录》卷上记："近来人家酒席，专事华侈，非数日治具，水陆毕集，不敢轻易速客。汤饵肴蔌，源源而来，非惟口不给尝，兼亦目不周视，一筵之费，少亦数金。"平居则"耽耽逐逐，日为口腹谋"。张岱《陶庵梦忆》自述：

越中清馋无过余者，喜啖方物。北京则苹婆果、黄巤、马牙松；山

---

① 《小柴桑喃喃录》下。
② 黄宗羲：《撰杖集·张南垣传》。

东则羊肚菜、秋白梨、文官果、甜子；福建则福橘、福橘饼、牛皮糖、红腐乳；江西则青根、丰城脯；山西则天花菜；苏州则带骨鲍螺、山查（楂）丁、山查（楂）糕、松子糖、白圆、橄榄脯；嘉兴则马交鱼脯、陶庄黄雀；南京则套樱桃、桃门枣、地栗团、窝笋团、山查（楂）糖；杭州则西瓜、鸡豆子、花下藕、韭芽、元笋、塘栖蜜橘；萧山则杨梅、莼菜、鸠鸟、青鲫、方柿；诸暨则香狸、樱桃、虎栗；嵊则蕨粉、细榧、龙游糖；临海则枕头瓜；台州则瓦楞蚶、江瑶柱；浦江则火肉；东阳则南枣；山阴则破塘笋、谢橘、独山菱、河蟹、三江屯蛏、白蛤、江鱼、鲫鱼、里河鰦。远则岁致之，近则月致之，日致之。[①]

衣服则由布袍而为细绢，由浅色而改淡红。范濂《云间据目钞》记云间风俗，虽然只是指一个地方而言，也足以代表这种由俭朴而趋奢华的时代趋势。他说："布袍乃儒家常服，周年鄙为寒酸，贫者必用绸绢色衣，谓之薄华丽。而恶少且从典肆中觅旧段旧服翻改新起，与豪华公子列坐，亦一奇也。春元必用大红履，儒童年少者必穿浅红道袍，上海生员冬必穿绒道袍，暑必用绉巾绿伞，虽贫如思丹，亦不能免。稍富则绒衣巾，盖益加盛矣。余最贫，尚俭朴，年来亦强服色衣，乃知习俗移人，贤者不免。"明代制定士庶服饰，不许混淆，嘉靖以后，这种规定亦复不能维持，上下群趋时髦，巾履无别。范濂又记："余始为诸生时，见朋辈戴桥梁绒线巾，春元戴金线巾，缙绅戴忠靖巾。自后以为烦俗，易高士巾素方巾，复变为唐巾晋巾汉巾褊巾。丙午（公元1606年）以来皆用不唐不晋之巾，两边玉屏花一双，而年少貌美者加犀玉奇簪贯发。"他又很愤慨地说："所可恨者，大家奴皆用三镶宦履，与士官漫无分别，而士官亦喜奴辈穿著，此俗之最恶者也。

三

士大夫居官则狎优纵博，退休则广蓄声伎，宣德间都御史刘观每赴人邀请，辄以妓自随。户部郎中肖翔等不理职务，日惟挟妓酣饮恣乐。[1]曾下饬禁止："宣德四年八月丙申，上谕行在礼部尚书胡濙曰：祖宗时文武官之家不得挟妓饮宴。近闻大小官私家饮酒，辄命妓歌唱，沉酣终日，怠废政事。甚者留宿，败礼坏俗。尔礼部揭榜禁约，再犯者必罪之。"[2]妓女被禁后，一变而为小唱，沈德符说："京师自宣德顾佐疏后，严禁官妓，缙绅无以为娱，于是小唱盛行，至今日几如西晋太康矣。"[3]实际上这项禁令也只及于京师居官者，易代之后，勾栏盛况依然。《冰华梅史》有《燕都妓品序》："燕赵佳人，

---

① 《明宣宗实录》卷五六。
② 《明宣宗实录》卷五七。
③ 《野获编》卷二四。

颜美如玉，盖自古艳之。矧帝都建鼎，于今为盛，而南人风致，又复袭染熏陶，其色艳宜惊天下无疑。万历丁酉庚子（公元1597—1600年）其妖冶已极。"所定花榜借用科

极度奢靡的明朝士大夫（《竹院品古图》）

名条例有状元、榜眼、探花之目。称妓则曰老几，茅元仪《暇老齐杂记》卷四："近来士人称妓每曰老，如老一老二之类。"同时曹大章有《秦淮士女表》，《萍乡花史》有《广陵士女殿最序》。余怀《板桥杂记》记南京教坊之盛："南曲衣裳妆束，四方取以为式。"崇祯中四方兵起，南京不受丝毫影响，依然征歌召妓："宗室王孙，翩翩裘马，以及乌衣子弟湖海宾游，靡不挟弹吹箫，经过赵李，每开筵宴，则传呼乐籍，罗绮芬芳，行酒纠觞，留髡送客，酒阑棋罢，堕珥遗簪，真欲界之仙都，升平之乐国也！"[①]

私家则多蓄声伎，穷极奢侈。万历时理学名臣张元忭后人的家伎在当时最负盛名。《陶庵梦忆》卷四《张氏声伎》条记："我家声伎，前世无之。自大父于万历年间与范长白邹愚公黄贞父包涵所诸先生讲究此道，遂破天荒为之。有可餐班……次则武陵班……

---

① 余怀：《板桥杂记》。

再次则梯仙班……再次则吴郡班……再次则苏小小班……再次则平子茂苑班……主人解事日精一日，而侲僮伎艺亦愈出奇愈。"阮大铖是当时最负盛名的戏曲作家，他的家伎的表演最为张宗子所称道。同书卷八记："阮圆海家优讲关目，讲情理，讲筋节，与他班孟浪不同。然其所打院本又皆主人自制，笔笔勾勒，苦心尽出，与他班卤莽者又不同。故所搬演本本出色，脚脚出色，出出出色，句句出色，字字出色。"士大夫不但蓄优自娱，谱制剧曲，并能自己度曲，压倒伶工。沈德符记："近年士大夫享太平之乐，以其聪明寄之剩技。吴中缙绅留意音律，如太仓张工部新、吴江沈吏部璟、无锡吴进士澄时俱工度曲，每广座命伎，即老优名倡俱皇遽失措，真不减江东公瑾。"①风气所趋，使梨园大盛，所演若《红梅》《桃花》《玉簪》《绿袍》等记不啻百种："括共大意，则皆一女游园，一生窥见而悦之，遂约为夫妇。其后及第而归，即成好合。皆徒撰诡名，毫无古事可考，且意俱相同，毫无足喜。"乡村每演剧以祷神："谓不以戏为祷，则居民难免疾病，商贾必值风涛。"②豪家则延致名优，陈懋仁《泉南杂志》："优伶媚趣者不吝高价，豪奢家攘而有之，婵鬟傅粉，日以为常。"使一向被贱视的伶工，一旦气焰千丈。徐树丕《识小录》记吴中在崇祯十四年（公元1641年）奇荒后的情形："辛巳奇荒之后……优人鲜衣美食，横行里中。人家做戏一台，一

---

① 《野获编》卷二四。
② 汤来贺：《梨园说》。

本费至十余金，而诸优犹恨恨嫌少。甚至有乘马者，乘舆者，在戏房索人参汤者，种种恶状。然必有乡绅主之，人家惴惴奉之，得一日无事便为厚矣。"优人服节有至千金以上者。①男优之外，又有女戏："十余年来苏城女戏盛行，必有乡绅主之。盖以倡兼优而缙绅为之主。"②亦有缙绅自教家姬演戏者，张岱记朱云崃女戏，"西施歌舞，对舞者五人，长袖缓带，绕身若环，曾挠摩地，扶旋猗那，弱如秋药；女官内侍，执扇葆璇盖、金莲宝炬、纨扇宫灯二十余人，光焰荧煌，锦绣纷叠，见者错愕"③。刘晖吉女戏则以布景著："刘晖吉奇情幻想，欲补从来梨园之缺陷；如唐明皇游月宫，叶法善作，场上一时黑魆地暗，手起剑落，霹雳一声，黑幔忽收，露出一月，其圆如规，四下以其羊角染五色云气，中坐常仪，桂树吴刚，白兔捣药。轻纱缦之内，燃赛月明数株，光焰青黎，色如初曙，撒布成梁，遂蹑月窟，境界神奇，忘其为戏也。"④

四

士大夫的另一种娱乐是赌博。顾炎武《日知录》记："万历之末

---

① 黄宗羲：《南雷集子·刘子行状》。
② 《识小录》卷二。
③ 《陶庵梦忆》卷二。
④ 《陶庵梦忆》卷五。

太平无事，士大夫无所用心，间有相从赌博者。至天启中始行马吊之戏，而今之朝士若江南山东几于无人不为此。有如韦昭论所云穷日尽明，继以脂烛，人事旷而不修，宾旅阙而不接。"甚至有"进士有以不工赌博为耻"的情形。吴伟业又记当时有叶子戏："万历末年，民间好叶子戏，图赵宋时山东群盗姓名于牌而斗之，至崇祯时大盛。有曰闯，有曰献，有曰大顺，初不知所自起，后皆验。"①缙绅士大夫以纵博为风流，《列朝诗集小传》记："福清何士壁跅弛放迹，使酒纵博。""皇甫冲博综群籍，通挟凡击毬音乐博弈之戏，吴中轻侠少年咸推服之。""万历间韩上桂为诗多倚待急就，方与人纵谈大噱，呼号饮博，探题立就，斐然可观。"此风渐及民间，结果是如沈德符所说："今天下赌博盛行，其始失货财，甚则鬻田宅，又甚则为穿窬，浸成大伙劫贼，盖因本朝法轻，愚民易犯。"②

自命清雅一点的则专务搜古董，巧取豪夺：

嘉靖末年海内宴安，士大夫富厚者以治园亭教歌舞之际，间及古玩。如吴中吴文恪之孙，溧阳史尚宝之子，皆世藏珍秘，不假外索。延陵则稽太史应科，云间则朱太史大韶，携李项太学，锡山安太学华户部辈不容重资收购，名播江南。南部则姚太史汝循、胡太

---

① 《绥寇纪略》卷一二。
② 《野获编补遗》卷三。

史汝嘉亦称好事。若辈下则此风稍逊，惟分宜严相国父子、朱成公兄弟并以将相当途，富贵盈溢，旁及雅道，于是严以势劫，朱以货贿，所蓄几及天府。张江陵当国亦有此嗜。董其昌最后起，名亦最重，人以法眼归之。①

年轻气盛少肯读书的则组织文社，自相标榜，以为名高。《消夏闲记》下：

文社始于天启甲子张天如等之应社……推大讫于四海。于是有广应社，复社，云间有几社，浙江有闻社，江北有南社，江西有则社，又有历亭席社，昆阳云簪社，而吴门别有羽朋社，武林有读书社，山左有大社，佥会于吴，统于复社。

以讥弹骂詈为事，黄宗羲讥为学骂，他说：

昔之学者学道者也，今之学者学骂者也。矜气节者则骂为标榜，志经世者则骂为功利，读书作文者则骂为玩物丧志，留心政事者则骂为俗吏，接庸僧数辈则骂考亭为不足学矣，读艾千子定待之尾，则骂象山阳明为禅学矣。濂溪之主静则盘桓于腔子中者也，

---

① 《野获编》卷二六。

洛下之持敬则曰是有方所之学也。逊志骂其学误主，东林骂其党亡国，相讼不决，以后息者为胜。[1]

老成人物则伪标讲学，内行不修。艾南英《天傭子集》曾提及江右士夫情形：

敝乡理学之盛，无过吉安，嘉隆以前，大概质行质言，以身践之。近岁自爱者多而亦不无仰愧前哲者。田土之讼，子女之争，告讦把持之风日有见闻，不肖视其人皆正襟危坐以持论相高者也。[2]

仕宦阶级有特殊地位，也自有他们的特殊风气。《小柴桑喃喃录》卷下说："士大夫膏肓之病，只是一俗，世有稍自脱者即共命为迂为疏为腐，于是一入仕途，则相师相仿，以求入乎俗而后已。如相率而饮狂泉，亦可悲矣。"在这情形的社会，谢肇淛说得最妙："燕云只有四种人多，奄竖多于缙绅，妇女多于男子，倡伎多于良家，乞丐多于商贾。"[3]

---

① 《南雷文案》卷一七。
② 艾南英：《天傭子集》卷六，《复陈怡云公祖书》。
③ 《五杂俎》卷三。

官僚政治的故事："多碰头，少说话"，能推脱就推脱

（一）航海攻心战术

明崇祯十五年（公元 1642 年）九月，李自成决黄河，灌开封，十月，大败明督师孙传庭于郏县、南阳。十一月，清军分道入侵，连破蓟州、真定、河间、临清、兖州，北京震动。

兵科给事中曾应遴上条陈，提出航海攻心战术。大意是由政府造战船三千艘，载精兵六万，从登莱渡海，直入三韩，攻后金国腹心。这样一来，清军非退不可。崇祯帝大为嘉许，以为真是妙算，可以克敌制胜，手令"该部议奏"。

造船是工部的职掌，作战归兵部管。工部署印侍郎陈必谦复奏：照老规矩，和作战有关的工程，由兵工二部分任，请特敕兵部分造战船一千五百艘。

内阁票拟（签呈），奉旨"工程由兵、工二部分任，即日兴工"。造船要一笔大款子，工部分文无有，估价工料银是六百万两。

101

于是上奏："因内战交通断绝，地方款项不能解京。本部库藏空空，无可指拨。只有开封、归德等府积欠臣部料价银五百多万两，可以移作造船之用。"

这时候，开封被水淹没，归德等府为农民起义军占领。内阁奉旨："着工部勒限起解，造船攻心，以救内地之急。"

兵部尚书张国维也说："部库如洗，只有凤阳等府积欠臣部马价银四百余万两，足现在正额，不必另行设法。应速催解部，以应造船之用。"

事实上，凤阳一带经几次战争破坏，加上蝗灾、旱灾，已经上十年没有人烟了。

内阁票拟，奉旨："下部勒限起解，以应部用。"

这是闰十月中旬的事，正当嘉许、拨款、勒限，以及"兴工"的时候，清军又已攻破东昌、兖州了。

工部想想不妙，到头来还是脱不了关系，又提出具体建议，说是"战船经费，虽已有整个计划，但是如今京师戒严，九门紧闭，工匠绝迹，无从兴工。原有都水司主事奉派到淮安船厂打造漕船，彼处物料现成，工匠众多，不如就令带造海船，克日可成，庶不误东征大事"。

内阁又票拟，奉旨依议，特给敕谕，以专责成。

这时候已经十二月初旬了。

船厂主事没有拿到一文钱，要造三千条战船，自然办不了。又上条陈说："造船攻心，大臣妙算，事关国家大计，当然拥护。不过臣衙门所造的是内河运粮之船，并非破浪出海之船，运船、海船，构造不同，形式不同，材料不同，帆柁不同，索缆器物不同，操驾水手不同，当然，建造的工匠也不同。如随便敷衍承造，一旦误事，负不起责任。要造海船，要到福建、广东去造，材料、工匠都合式，不如特敕闽广抚臣，勒限完工，就于彼处召募水手，由海道乘风北上，直抵旅顺口上岸，奋武以震刷皇威，快睹中兴盛事。此系因地因材，事有必然，并非推诿。"

公文上去了，到第二年二月中旬，内阁票拟，奉旨："下部移咨福广，勒限造船，以纾京畿倒悬之急。"由都察院移咨闽广抚臣照办，是二月底的事。

五月，清军凯旋，京师解严。

九月，两广总督沈犹龙、福建巡抚张肯堂会衔奏报，第一段极口称颂阁臣的妙算，圣主的神威。第二段说臣等已经召集工人，预备工料，拥护国策，以成陛下中兴盛业。第三段顺笔一转，说是不过如今北方安定，而闽广民穷财尽，与其劳民伤财，造而不用，不如暂时停工。

内阁票拟，奉旨下部："是！"

于是这件纠缠了一年，费了多少笔墨的航海攻心战术的公案就此结束。

所谓官僚政治，有三个字可以形容之：骗、推、拖。

　　曾应遴要凭空建立一个六万人的海军，一无钱，二无兵，三无计划，更谈不到组织、训练、武器、服装、给养、运输、指挥这一些大问题。信口胡柴，提出空头建议，这是骗。

　　崇祯帝何尝不明白这道理，只是明白了又怎么样呢？当时无处借款，也无人助战，无友邦支持，一切都无，总得要表示一下呀，于是手令"该部议奏"。也是骗。

　　工部说这工程该和兵部分任，这是推。

　　阁臣签呈，由兵工二部分任，一个钱不给，叫人从纸上空出一队海军，这是骗。

　　工部说钱是有的，在沉沦的开封和沦陷的归德。兵部说我也有钱，在十年无人烟的淮西，这也是骗。

　　建议再建议，签呈又签呈，一上一下个把月，这是拖。

　　骗而不下了场，又一转而推，工部把这差使推给船厂主事，船厂主事推给闽广抚臣，又是奏本，票拟，从北京到淮安，淮安到北京，又从北京到闽广，闽广到北京，（中间还有从闽到广，从广到闽会衔这一段公文旅行。）来来去去，去去来来，半年过去了，从推又发生拖的作用，推和拖本质上又都是骗。

　　最后，清兵撤退了，皆大欢喜，内阁以一"是"字了此公案。

　　大事化为小事，小事化为无事。

　　从骗到推，到拖，而无。这故事是中国官僚政治的一个典型例子。

也有人说，过去中国的政治，是无为政治，那么就算这故事是一个无为政治的故事吧？[①]

（二）碰头和御前会议

清末大学士瞿鸿禨的戆直、遇恩，《圣德纪略》和金梁（息侯）的《四朝见闻》《光宣小纪》两书，有许多地方可以互相印证。

在瞿中堂的书里，所见到的满纸都是碰头，见皇上碰头，见太后碰头，上朝碰头，索荷包碰头，赐宴碰头再碰头。碰头大概和请安不同，据金息侯的记载，请安是双膝跪在地下，两手垂直的，而碰头则除此以外，似乎还得弯腰把额角碰在地面上吧。《汉书》上邓通见丞相申屠嘉首出血不解，大概是清人所谓碰响头，碰得额角坟起，以至出血。古书上所谓"泥首"，大概也是以首及泥的意思。不过，虽然碰头于古有据，而碰头之多，之数，之津津乐道，满纸都是，则未可以为渊源于古，只能说是清代的特色。

清人作官的秘诀，相传有六个字："多碰头，少说话。"

年老的官僚多半要作一个护膝，即在膝盖上特别加上一块棉质的附属品，以为长跪时保护膝盖之用。

左宗棠有一次在颐和园行礼，跪久了，腰酸向前伏了一会，立

[①] 参看戴笠、吴殳《怀陵流寇始终录》卷十五，《和看花行者的谈往》。

时被弹劾，以为失仪。

军机大臣朝见两宫议事，一顺溜跪在拜垫上，有几个便殿，地方窄挤成一团，名位低的军机跪得比较远，什么也听不见，议是谈不上的。

照例，一大堆文件，皇太后翻过了，出去上朝，在接见第一批臣僚的短短时间内，军机大臣几人匆匆翻了一下，到召见时，有的事接头，大部分都莫名其妙。两个坐着，一群人跪着，首班跪近，还摸着一点说什么，其余的便有点不知所云了。往往弄得所答非所问，丈二和尚摸不着头脑。说了一阵子，国家大事小事便算定局。

王大臣会议也是这个作风，小官说不了话，大臣不敢说话，领班的亲王不知道说什么话，讨论谈不上，争辩更不会有。多半是亲王说如此如此，大家点头，散会。以后再由属员拟稿，分送各大臣签署奏报。

金息侯叹气说："这真是儿戏！"其实儿戏又何可厚非，小孩子到底天真，这批老官僚的天真在哪里？道道地地的官僚作风而已，儿戏云乎哉！（本节仅凭记忆）

贪污史例：捞钱的套路还真多

之一

元朝末年，官贪吏污，因为蒙古、色目人浑浑噩噩，根本不懂"廉耻"是什么意思。这一阶级向人讨钱都有名目，到任下属参见要"拜见钱"，无事白要叫"撒花钱"，逢节有"追节钱"，作生日要"生日钱"，管事而要叫"常例钱"，送往迎来有"人情钱"，差役提人要"赍发钱"，上衙门打官司要"公事钱"。作官的赚得钱多叫"得手"，钻叫"好地"，补得要缺叫"好窠"。至于忠于国家，忠于人民，则一概"晓勿得！"

刘继庄说："这情形，明朝初年我知道不清楚，至于明末，我所耳闻目见的，又有哪一个官不如此！"

——刘献廷：《广阳杂记》卷三

之二

明代中期，离现在四百多年前，一个退休的显官何良俊，住在南京，告诉我们一个故事：

南京也照北京的样子，设有六部五府等机关，原来各有职掌，和百姓并不相干。这些官家里需用的货色，随时由家奴到铺子买用，名为和买。我初住南京的头几年，还是如此，不过五六年光景，情形渐渐不妙，各衙门里并无事权的闲官，也用官府的印票，叫皂隶去和买了，只给一半价钱，例如值银两钱的扇子只给一钱，其他可以类推。闹得一些铺户叫苦连天。至于有权有势的御史，气焰熏天，更是可怕。例如某御史叫买一斤糖食，照价和买只要五六分银子，承买的皂吏却乘机敲诈了五六两银子，他在票面上写明本官应用，要铺户到本衙交纳，第一个来交纳的，故意嫌其不好，押下打了十板，再照顾第二家，第二家一算，反正来差要钱，门上大爷又要钱，书办老爷还是要钱，稍有不到，还得挨十下板子，不如干脆拼上两三钱银子，消灾免祸，皂隶顺次到第三、四家一样对付，谁敢不应承，于是心满意足，发了一笔小财，够一年半载花销了。

南京某家买到一段作正梁的木料叫柏桐，很是名贵，巡城御史正想制一个书桌，听说有好材料，动了心，派人去要，这家舍不得，连夜竖了柱，把梁安上，以为没有事了。不料巡城御史更强，

108

一得消息，立刻派皂隶夫役，一句话不说，推翻柱子，抬起大梁，扬长而去。

——何良俊：《四友斋丛说》

之三

明末的理学家刘宗周先生指出这时代的吏治情形说：

如今吏治贪污，例如催钱粮要火耗（零星交纳的几分几钱银子，熔铸成锭才解京，熔铸的亏蚀叫火耗，地方不肯担负这损失，照例由纳粮的人民吃亏，额外多交一两成，积少成多，地方官就用这款子来肥家），打官司要罚款，都算本分的常例，不算外水了。新办法是政府行一政策，这政策就成敲诈的借口，地方出一新事，这一新事又成剥削的机会，大体上是官得一成，办事的胥吏得九成，人民出十成，政府实得一成，政府愈穷，人民愈苦，官吏愈富，以此人民恨官吏如强寇，如仇敌，突然有变，能献城就献城，能造反便造反，当机立断，毫不踌躇。

举县官作例吧，上官有知府，有巡道，有布政使，有巡抚，有巡按，还有过客，有乡绅，更有京中的权要，一层层须得应付，敷衍，面面都到。此外钻肥缺，钻升官，更得格外使钱，当然也得养家，也得置产业，他们不吃人民吃什么？又如巡按御史吧，饶是正直自好的，你还未到任，地方大小官员早已凑好一份足够你吃几代的财宝，安安稳稳替你送到家里了。多一官百姓多受一番罪，多派一次巡按，百姓又多受一番罪，层层敲诈，层层剥削，人民怎能不造反？怎能不拼命？

——刘宗周：《刘子文编》卷四，《敬修职掌故》

第三章

上战场：头脑得活泛

阵图和宋辽战争：屡战屡败只好屡败屡战，都是阵图闯的祸

在古代，打仗要排阵，要讲究、演习阵法。所谓阵法就是野战的战斗队形和宿营的防御部署；把队形、部署用符号标识，制成作战方案，叫作阵图。

根据阵图在前线指挥作战或防御的带兵官，叫作排阵使。

从历史文献看，如郑庄公用鱼丽阵和周王作战，到清代的太平军的百鸟阵，无论对外对内，无论是野战，或防御，都要有阵法。没有一定的组织形式，几千人几万人一哄而上，是打不了仗的，要打也非败不可。其中最为人所熟知的是诸葛亮的八阵图，"功盖三分国，名成八阵图"的诗句，一直为后人所传诵。正因为如此，小说戏剧把阵图神秘化了，如宋辽战争中辽方的天门阵，杨六郎父子虽然勇敢，但还得穆柯寨的降龙木才能破得了。

穆柯寨这出戏虽然是虚构的，但是就打仗要排阵说，也反映了一点历史的真实性。从公元976年到1085年左右，这一百一十年中，北宋历朝的统治者特别重视阵图。（无论是在这时期以前或以

112

后，关于阵图的讨论、研究、演习、运用，对前线指挥官的控制，和阵图在战争中的作用，都比不上这个时期。）从这一时期的史料分析，北宋的统治者是用阵图直接指挥前线部队作战的，用主观决定的战斗队形和防御部署，指挥远在几百里以至千里外的前线部队。敌人的兵力部署、遭遇的地点、战场的地形、气候等，都凭主观的假设决定作战方案，即使作战方案不符合实际情况，前线指挥官也无权改变。照阵图排阵打了败仗，主帅责任不大；反之，不按阵图排阵而打了败仗，那责任就完全在主帅了；败军辱国，罪名极大。甚至在个别场合，机智一点而又有担当的将领，看出客观情况不利，不按阵图排阵，临机改变队形，打了胜仗，还得向皇帝请罪。

宋辽战争的形势，两方的优势和劣势，989年熟悉北方情况的宋琪曾作具体分析，并提出建议。他说：

每蕃部南侵，其众不啻十万。契丹入界之时，步骑车帐，不从阡陌，东西一概而行。大帐前及东西面差大首领三人各率万骑，支散游奕，百十里外，亦交相侦逻，谓之栏子马……未逢大敌，不乘战马，俟近我师，即竟乘之，所以新羁战蹄，有余力也。且用军之术，成列而不战，俟退而乘之。多伏兵断粮道，冒夜举火，土风曳柴，馈饷自资。退败无耻，散而复聚，寒而益坚，此其所长也。中原所长，秋夏霖霪，天时也。山林河津，地利也。枪突剑弩，兵胜

113

也。败丰士众，力张也。

契丹以骑兵冲锋为主，宋方则只能凭气候地利取守势。以此，他建议"秋冬时河朔州军，缘边砦栅，但专守境"。到戎马肥时，也"守陴坐甲，以逸待劳……坚壁固守，勿令出战"。到春天新草未生，陈草已朽时，"蕃马无力，疲寇思归，逼而逐之，必自奔北"。最后，还提出前军行阵之法，特别指出，要"临事分布，所贵有权"①。宋太宗采纳了他一部分意见，沿边取守势，作好防御守备，但要集中优势兵力，大举进攻。至于授权诸将，临事分布，则坚决拒绝了。

由于宋辽的军事形势不同，采取防御战术，阻遏骑兵冲击的阵法便成为宋代统治者所特别关心的问题了。在平时，和大臣研究、讨论阵图，如987年并州都部署潘美、定州都部署田重进入朝，宋太宗出御制平戎万全阵图，召美、重进及崔翰等，亲授以进退攻击之略。②997年又告诉马步军都虞侯传潜说："布阵乃兵家大法，小人有轻议者，甚非所宜。我自作阵图给王超，叫他不要给别人看。王超回来时，你可以看看。"③1000年，宋真宗拿出阵图三十二部给宰相研究，第二年又和宰相讨论，并说："北戎寇边，常遣精悍为前

① 《宋史》卷二六四，《宋琪传》。
② 李焘：《续资治通鉴长编》卷二八。
③ 李焘：《续资治通鉴长编》卷四〇。

锋，若捍御不及，即有侵轶之患。今盛选骁将，别为一队，遏其奔冲。又好遣骑兵出阵后断粮道，可别选将领数万骑殿后以备之。"①

由此可见这些阵图也是以防御敌骑奔冲和保卫后方给养线为中心思想的。1003年契丹入侵，又和宰相研究阵图，指出：

喜欢给前线颁赐阵图的宋太宗
（《宋太宗真像》）

今敌势未辑，尤须阻遏，屯兵虽多，必择精锐，先据要害以制之。凡镇、定、高阳三路兵，悉会定州，夹唐河为大阵。量寇远近，出军树栅，寇来坚守勿逐，俟信宿寇疲，则鸣鼓挑战，勿离队伍，令先锋、策先锋诱逼大阵，则以骑卒居中，步卒环之，短兵接战，亦勿令离队伍，贵持重而敌骑无以驰突也②。

连远在河北前线部队和敌人会战的地点以及步外骑内的战斗部署都给早日规定了。景德元年（公元1004年）八月出阵图示辅臣，十一月又出阵图，一行一止，付殿前都指挥使高琼等。③1045年宋

---

① 李焘：《续资治通鉴长编》卷四七、四九。
② 李焘：《续资治通鉴长编》卷五四。
③ 李焘：《续资治通鉴长编》卷五七、五八。

仁宗读《三朝经武圣路》，出阵图数本以示讲读官。[①]又赐辅臣及管军臣僚临机抵胜图。[②]1054年赐近臣御制攻守图。[③]1072年宋神宗赐王韶御制攻守图、行军环株、战守约束各一部，仍令秦凤路经略司钞录。[④]1074年又和大臣讨论结队法，并令五路安抚使各具可用阵队法，及访求知阵队法者，陈所见以闻[⑤]，出攻守图二十五部赐河北。[⑥]1075年讨论营阵法，郭固、沈括都提出意见，宋神宗批评当时臣僚所献阵图，以为皆妄相惑，无一可取，并说："果如此辈之说，则两敌相遇，须遣使预约战日，择一宽平之地，仍夷阜塞壑，诛草伐木，如射圃教场，方可尽其法耳。以理推之，知其不可用也决矣。"否定当时人所信从的唐李筌《太白阴经》中所载阵图，以为李筌的阵图止是营法，是防御部署，不是阵法。而采用唐李靖的六花阵法，营阵结合，止则为营，行则为阵，以奇正言之，则营为正，阵为奇，定下新的营阵法。沈括以为"若依古法，人占地二步，马四步，军中容军，队中容队，则十万人之队，占地方十余里，天下岂有方十里之地，无丘阜沟涧林木之碍者！兼九军共以一驻队为篱落，则兵不可复分，如九人共一皮，分之则死，此正孙武

---

① 李焘：《续资治通鉴长编》卷一五四。
② 李焘：《续资治通鉴长编》卷一五六。
③ 李焘：《续资治通鉴长编》卷一七六。
④ 李焘：《续资治通鉴长编》卷二四一。
⑤ 李焘：《续资治通鉴长编》卷二五四。
⑥ 李焘：《续资治通鉴长编》卷二五六。

所谓靡军也"①。可见宋神宗的论断，是采取了沈括的意见的。

宋代统治者并以阵法令诸军演习，如宋仁宗即位后，便留心武备，令捧日、天武、神卫、虎翼四军肄习战阵法。②1044年韩琦、范仲淹请于鄜延、环庆、泾原路各选三军，训以新定阵法；于陕西四路抽取曾押战队使臣十数人，更授以新议八阵之法，遣往河北阅习诸军。这个建议被采纳了，1045年遣内侍押班任守信往河北路教习阵法。③到命将出征，就以阵图约束诸将，如979年契丹入侵，命李继隆、崔翰、赵延进等将兵八万防御，宋太宗亲授阵图，分为八阵，要不是诸将临时改变阵法，几乎打大败仗。④1070年李复圭守庆州，以阵图授诸将，遇敌战败，复圭急收回阵图，推卸责任，诸将以战败被诛。⑤

在宋代统治者讲求阵法的鼓励下，诸将纷纷创制阵图，如1001年王超援灵州，上二图，其一遇敌即变而为防阵，其一置资粮在军营之外，分列游兵持劲弩，敌至则易聚而并力。⑥1036年洛苑使赵振献阵图。1041年知并州杨偕献龙虎八阵图。青州人赵宇献大衍阵图。1045年右领军卫大将军高志宁上阵图。1051年泾原经略使夏安期上弓箭手

① 李焘：《续资治通鉴长编》卷二六〇；沈括：《梦溪笔谈》。
② 《宋史》卷二八七，《兵志》一。
③ 《长编》卷一四九、一五五。
④ 《长编》卷二〇；曾公亮：《武经总要》后集三。
⑤ 《长编》卷二一四。
⑥ 《长编》卷五〇。

阵图，1055年并代钤辖苏安静上八阵图，1074年定州路副都总管、马步军都虞侯杨文广献阵图及取幽燕之策。这个杨文广就是宋代名将杨六郎的儿子，也就是为人所熟知的穆柯寨里被俘的青年将领杨宗保。①

在作战时，选拔骁将做排阵使。如976年攻幽州，命田钦祚与郭守文为排阵使，钦祚正生病，得到命令，喜极而死。1002年周莹领高阳关都部署，为三路排阵使。1004年澶渊之役，石保吉、李继隆分为驾前东西都排阵使，等等。②

由于皇帝事先所制阵图不可能符合客观实际情况，统军将帅又不敢违背节制，只好机械执行，结果是非打败仗不可。1075年宋神宗和朝廷大臣研究对辽的和战问题，张方平问宋神宗，宋和契丹打了多少次仗，其中打了多少次胜仗，多少次败仗，宋神宗和其他大臣都答不出来。神宗反问张方平，张说："宋与契丹大小八十一战，惟张齐贤太原之战，才一胜耳。"八十一仗败了八十次，虽然失于夸大，但是，大体上败多胜少是没有疑问的。打败仗的原因很多，其中之一是主观主义的皇帝所制阵图的罪过。

相反，不凭阵图，违背皇帝命令的倒可以不打败仗。道理是临机应变，适应客观实际情况。著例如979年满城之战，李继隆、赵延进、崔翰等奉命按阵图分为八阵。军行到满城，和辽军骑兵遭遇，赵

---

① 《宋史》本传，卷一一八、一三二、一三三、一五七、一七〇、一七九、二五四、二五七。

② 《长篇》卷二五九，注引陈师道：《谈丛》。

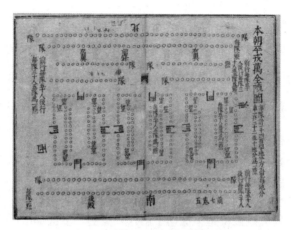

《武经总要》中记载的北宋阵图

延进登高瞭望，敌骑东西两路挺进，连成一片，不见边际。情况已经危急了，崔翰等还在按图布阵，每阵相去百步，把兵力分散了，士卒疑惧，略无斗志。赵延进、李继隆便主张改变阵势，把原来"星布"的兵力，集中为两阵，前后呼应。崔翰还怕违背节制，万一打败仗，责任更大。赵延进、李继隆拍胸膛保证，如打败仗，由他两人负责。才改变阵势，兵力集中了，士卒忻喜，三战大破敌军。这里应该特别指出，赵延进的老婆是宋太宗尹皇后的妹子，李继隆则是宋太宗李皇后的兄弟，两人都是皇帝亲戚，所以敢于改变阵图，转败为胜。①另一例子是1001年威虏军之战。镇、定、高阳关三路都部署王显奉诏

---

① 《宋史》卷二七一《赵延进传》，卷二五七《李处耘传附李继隆传》；《长编》卷二〇；《武经总要》后集三。

于近边布阵和应援北平控扼之路。但辽军并没有根据宋真宗的"作战部署"行事，这年十月入侵，前锋挺进，突过威虏军，王显只好就地迎击。刚好连日大雨，辽军的弓以皮为弦，雨久潮湿，不堪使用，王显乘之大破敌军。虽然打了胜仗，还是忧悸不堪，以违背诏令，自请处分。宋真宗亲自回信慰问，事情才算结束。[①]

前方将帅只有机械地执行皇帝所发阵图的责任，在不符合实际客观情况下，也无权临机应变，以致造成屡战屡败，丧师辱国的局面，当时的文臣武将是很深切了解这一点的，多次提出反对意见，要求不要再发阵图，给前方统帅以机动作战的权力。例如989年知制诰田锡上疏说：

今之御戎，无先于选将帅，既得将帅，请委任责成，不必降以阵图，不须授之方略，自然因机设变，观衅制宜，无不成功，无不破敌矣。……况今委任将帅，而每事欲从中降诏，授以方略，或赐以阵图，依从则有未合宜，专断则是违上旨，以此制胜，未见其长。[②]

999年，京西转运副使朱台符上疏说：

---

① 《宋史》卷二六八，《王显传》。
② 《长编》卷三○。

夫将帅者王之爪牙，登坛授钺，出门推毂，阃外之事，将军裁之，所以克敌而制胜也。近代动相率制，不许便宜。兵以奇胜，而节制以阵图，事惟变适，而指踪以宣命，勇敢无所奋，知谋无所施，是以动而奔北也。①

1040年三司使晏殊力请罢内臣监军，不以阵图授诸将，使得应敌为攻守。②同时王德用守定州，也向宋仁宗指出真宗时的失策：

咸平景德（时）边兵二十余万，皆屯定武，不能分扼要害，故敌得轶境，径犯澶渊。且当时以阵图赐诸将，人皆谨守，不敢自为方略，缓急不相援，多至于败。今愿无赐阵图，第择诸将，使应变出奇，自立异功，则无不济。③

话都说得很透彻，但是，都被置之不理，像耳边风一样。其道理也很简单，一句话就是统治者对爪牙的不信任。最好的证据是以下一个例子。922年盐铁使李惟清建议慎擢将帅，以有威名者俾安边塞，庶节费用。宋太宗对他说私话："选用将帅，亦须深体今之几

① 《长编》卷四四。
② 《长编》卷一二六；《欧阳修文集》三，《晏公神道碑铭》。
③ 叶梦得：《石林燕语》九。

宜。……今纵得人，未可便如古委之。此乃机事，卿所未知也。" [1]
由此看来，即使将帅得人，也不能像古代那样授权给他们，而必须
由皇帝亲自节制，阵图是节制诸将的主要手段，是非要不可的。

　　王安石和宋神宗曾经几次讨论宋太宗以来的阵图问题，并且比
较了宋太祖、太宗兄弟两人的御将之道，说得十分清楚。一次是在
熙宁五年（公元1072年）八月：

　　神宗论太宗时用兵，多作大小卷（阵图）付将帅，御其进退，
不如太祖。

　　王安石曰：太祖知将帅情状，故能得其心力。如言郭进反，
乃以其人送郭进，此知郭进非反也，故如此。所以如进者皆得自竭
也。其后郭进乃为奸人所摧，至自杀。杨业亦为奸人所陷，不得其
死。将帅尽力者乃如此，则谁肯为朝廷尽力？此王师所以不复振，
非特中御之失而已。

　　神宗曰：祖宗时从中御将，盖以五代时士卒或外附，故惩其事
而从中御。

　　王安石曰：太祖能使人不敢侮，故人为用，人为用，故虽不中
御，而将帅奉令承教无违者，此所以征则强，守则固也。 [2]

---

① 《宋史》卷二六七，《李惟清传》。
② 《长编》卷二三七。

指出从中御将，颁赐阵图是惩五代之事，是怕士卒叛变，怕将帅割据，指出宋太祖虽不中御，而将帅奉令惟谨。反面的话也就是宋太宗和他以下的统治者，不能使人不敢侮，因之也就越发不放心，只好从中御将，自负胜败之责了。

另一次讨论在第二年十一月。

宋神宗问先朝何以有澶渊之事，安石曰：太宗为傅潜奏防秋在近，亦未知兵将所在，诏付两卷文字云，兵数尽在其中，候贼如此，即开某卷，如彼，即开某卷。若御将如此，即惟傅潜王超乃肯为将。稍有才略，必不肯于此时为将，坐待败衄也。但任将一事如此，便无以胜敌。[①]

连兵将所在、兵数多少也不知道的前方统帅，只凭皇帝所发阵图作战。这样的统帅，这样的御将之道，要打胜仗是绝对不可能的。这是宋辽战争中宋所以屡战屡败，不能收复幽燕的原因之一。这也是宋代著名将帅如广大人民所熟知的杨业，所以遭忌战死，狄青作了枢密使以后，被人散布谣言去职忧死的原因。因为这些人都不像傅潜、王超那样，而是有才略、有决断、有经验、有担当的。同时，这一事实也反映了宋代统治阶级内部的深刻矛盾。

---

① 《长编》卷二四八。

论夷陵之战：感情用事实乃决策大忌

夷陵之战发生于蜀章武元年（公元221年）。这年七月，刘备帅军伐吴，孙权写信请和，刘备盛怒不许。到第二年六月，吴将陆逊大破蜀军于夷陵（今湖北宜昌），刘备退屯白帝城，十月，孙权又遣使请和，刘备答应了。这一仗前后历时一年，吴将陆逊坚取守势，捕捉战机，最后以火攻取得大胜，是历史上有名的战役之一。

战事发生的原因是荆州的归属问题。

公元208年赤壁战役之后，曹军败退，留曹仁、徐晃守江陵，周瑜、刘备水陆并进，追到南郡（今湖北江陵县东南），瑜军围曹仁，相持了一年多，曹仁弃城走。孙权以周瑜为南郡太守。刘备推刘琦为荆州刺史，南征四郡，武陵（今湖南常德）、长沙（今湖南长沙）、桂阳（今湖南郴县）、零陵（今湖南零陵）皆降。刘琦病死，诸将推刘备为荆州牧，驻公安（今湖北公安）。刘备从此有了根据地了。

荆州原来不属孙权，赤壁之战，刘备是有功劳的，南征四郡是刘备自己的战果，蜀吴双方怎么会发生荆州的归属问题呢？据《吴书·鲁肃传》："后备诣京见权，求都督荆州，惟肃劝权借之，共拒曹公。"鲁肃死后，孙权评论他："后虽劝吾借玄德地，是其一短。"看来当时兵力，孙强刘弱，孙权兵力可以直取四郡，刘备要求有个立足之地，鲁肃从孙刘联盟，为曹操树敌的战略出发，劝孙权答应，有了这个默契，刘备才能南取四郡，和孙吴成掎角之势，所以"曹操闻权以土地业备，方作书，落笔于地"，给曹操以极大威胁。

公元214年，刘备取益州。第二年孙权就要讨还长沙、零陵、桂阳三郡。刘备不肯。孙权派吕蒙率军争取，刘备也到公安，派关羽争三郡。鲁肃驻益阳（今湖南益阳），和关羽相拒。鲁肃责备关羽不还三郡。关羽说：赤壁之战，刘备和吴军勠力破魏，岂能徒劳？连立足之地都没有！达不成协议。正好这时曹操南定汉中，蜀汉北方受到威胁，刘备赶紧与孙权联合，分荆州为二，江夏、长沙、桂阳属吴；南郡、零陵、武陵属蜀，以湘水为界，双方罢兵。暂时妥协了，但问题并未根本解决。

公元219年，关羽率众攻曹仁于樊（今湖北襄阳），水淹于禁七军，斩将军庞德，威震华夏。曹操遣使说孙权，出军攻关羽后路，权将吕蒙诱降关羽在江陵、公安的守将，尽虏羽军妻子。羽军遂散，关羽父子出走，为孙权所杀。

刘备失了荆州，也就失去了向东出川的门户和曹操抗衡的军事重镇，在战略上是非争不可的。

他和关羽、张飞的关系，从汉灵帝末年，公元184年黄巾起义以后，便相从征伐，"寝则同床，恩同兄弟"。小说上桃园结义之说，便是从这两句话演绎出来的。三四十年的战友、君臣，镇守出川门户的上将，一旦摧折，刘备的感情冲动是可想而知的。公元221年张飞又为部下所杀，持首级奔吴，旧仇加新恨，伐吴报仇便成为他的最后志愿，什么好话也听不进去了。

诸葛亮远在隆中对策时，便指出孙权"可与为援而不可图"。赤壁战前，他和鲁肃共同努力，定下了联合抗曹的大计。他是始终坚持刘、孙两家的方针的。但他也深知刘备的个性，对关羽、张飞的感情，和荆州在军事上的重要性，明知用言语是劝阻不了刘备的。夷陵败后，他叹气说：

使法孝直（正）若在，则能制主上，令不东行。就复东行，必不倾危矣。

赵云是坚决反对伐吴的，他指出主要的敌人是曹操，不是孙权。如先灭魏，则吴自服。当前形势，决不应该放掉主要的敌人，先和孙吴交兵。广汉处士秦宓也说天时不利，朝臣很多人都反对，刘备一概不听。

蜀吴交兵后，孙权遣使求和。吴将诸葛瑾驻公安，写信劝刘备，要他留意于大，不要用心于小。指出关羽和汉朝的轻重，荆州和海内的大小，虽然都应仇疾，但要分清先后。论点和赵云是一致的，刘备当然不能接受。

交战双方，蜀军由刘备自己指挥，兵四万余人，大将吴班、冯习攻破权将李异、刘阿等于巫，进军秭归。将军黄权自请为先锋，劝刘备为后镇，刘备不听，派他督江北军以防魏师。夷陵败后，交通断绝，他不肯降吴，只好降魏。备军从巫峡、建平连营直到夷陵界，立数十屯，树栅连营七百多里，全军成一条直线，距高临下，兵力分散。曹丕听说蜀军布置之后，笑道："刘备不懂兵法，岂有立营七百里而可以拒敌的！必败无疑。"

吴军以陆逊为大都督，率诸将朱然、潘璋、宋谦、韩当、徐盛、鲜于丹、孙桓等五万人拒守。蜀军远来，利于速战，吴军诸将要迎击，陆逊坚决不许。他指出蜀军锐气方盛，而且乘高守险，不利进攻，如有不利，影响全局。不如坚闭固拒，伺机捕捉战机，以逸制劳，取得胜利。

两军对峙相持了七八个月，蜀军兵疲意沮，陆逊乘机发起攻击，先攻一营，得不到便宜。诸将正埋怨他枉然死了许多人，陆逊却说，我已经找到破敌的方法了，下令诸军每人拿一把茅草，乘风纵火，全线进攻，阵斩蜀大将张南、冯习，连破四十余营，蜀军溃败，刘备退守白帝城。

蜀军败后，吴诸将要求直取白帝，陆逊认为曹丕正在大合士众，不怀好意。下令退军。

这年十一月，孙权遣使到蜀汉聘问，刘备也遣使报聘，两国又恢复和平，重建了对魏的掎角之势。

这次战役，刘备犯了两个大错误：第一是政略的错误，正如赵云、诸葛瑾所指出的，他把大小、轻重摆错了次序，因荆州之失、关羽之死而发动对吴战争，破坏了两国联合共同抗曹的正确策略；第二是战略的错误，不听黄权的忠告，把他一军放在江北，削弱了兵力，又把全军列成纵深战斗序列，战线过长，兵力分散，前军一败，后军动摇，彼此不相呼应，造成全面的败局。

京剧《夷陵之战》是根据历史事实编成的历史剧，剧情是符合历史真实情况的。主题思想是通过战争的失败来批判刘备个人的"义气"，赵云、诸葛亮的谏阻，诸葛瑾的求和，直到马良死后刘备的自责，都表达了这个看法。就演出而论，是成功的。特别是保留了传统剧目哭灵牌一折，造成全剧的高潮。问题也正是出在这里，恰恰因为前半部把刘、关、张三人的关系写得深了，再加上这一哭，又哭得这么好，使观众的同情逐步引到刘备方面，相对地把主题思想削弱了。

剧中次要人物关兴是关羽的次子，作过侍中、中监军的官，早死。张飞的儿子张苞也是早夭的。看来都没有参加夷陵之战。剧本把这两人写成蜀军的大将，通过他们加强刘备主战拒和的决心，是完全可以的。

马良在征吴之役，奉命到武陵招抚当地少数民族，军败后，他也被杀。剧本把他写成掩护刘备，中箭身死，也是可以的。

古代的战争：打仗可不止比拼武力

苏联国防部长马利诺夫斯基在苏共二十一次代表大会上，讽刺美英战争狂人的核战争方案说："先生们，你们的手太短了！"

现代战争广泛运用科学技术成就，苏联的洲际火箭、导弹可以击中地球上任何一个角落，百发百中；苏联的科学技术成就有力地保障了世界和平，使得手太短的战争狂人不敢轻于发动毁灭自己的战争。

"手"的长短说明今天两大阵营的军事力量。

古代也是如此。在远距离的杀伤武器发明以前，战争是人与人的搏斗，枪、刀、箭、槊等都是手的延长。战将和士兵的体力，运用武器的熟练程度，武器的重量，和勇敢、机智的结合，在战争中发生作用。

在战争进行中，士兵和士兵、战将和战将搏斗，面对面地厮杀，往往以伤亡较多的一方无力继续进行战斗而结束战局。

将军和将军的厮杀，大战几百个回合。甲杀了乙或乙杀了丙，虽然不一定决定战争的胜负，但是，在有些场合，却也起着关键性的作用，特别是敌方的主将或骁将阵亡，失去指挥，影响士气，就非打败仗不可了。

小说和戏文上常常描写、演出战争，戏台上除了战争双方的队伍用几个战士作为大军的象征以外，战争展开的重点通常放在两方主将的搏斗上面，这种表现手法是有历史事实根据的。

在斗将的场合，有大战几百个回合之说，一个回合的意思是交手一次。战将无论骑将或步将，都得手执武器。两军相对，中间有一段距离，双方同时前进，到了面对面接触的程度，互用武器杀伤对方，一击不中，就得退回来，准备第二次的接触，这样一进一退，就叫一个回合。在生和死的搏斗中，手的长短也就是武器的长短、重量，是有极重要意义的。长枪、大刀、马槊等长武器要比用剑、短刀这类短武器更为优越。而更重要的则是使用武器的熟练程度、人的机智，这就要讲武艺了。同样的体力和武器，决定胜负的是武艺。战将为了保护自己，就得戴盔披甲，一副盔甲分量是很重的，骑将的马也得披甲，再加上武器本身的重量，没有极健壮的体力是支持不了的。在有些场合，斗到相持不下的时候，还得换马。也有这样一种情况，战将本人并未打败，只因马力乏了，或者马受伤了，进退不得，被敌方杀伤，吃了败仗。"射人先射马"，就是这个道理。

战争时用旗、金、鼓指挥，叫作三官。

旗是管节度的，大将有大纛，指挥全军；有方面旗，东方碧、南方赤、西白、北黑、中央黄，指挥各方。因为人多距离远，讲话听不见，走马传令费时间，就用旗来指挥：中央旗挥动，全军集

合，旗俯即跪，旗举即起，卷
旗衔枚，卧旗俯伏，见敌旗三
挥，布阵旗左右挥。方面旗
举，方面兵急须装束，旗俯即
进，旗竖即住，旗卧即回。召
将用皂旗，一点皂旗队头集，

古代军旗（《平番得胜图》）

二点皂旗百人将集，三点皂旗五百人将集，一点一招千人将集。

金、鼓管进退，击鼓进军，鸣金退军。

击鼓三通共千槌，一通三百三十三槌（一说是三百六十五槌）。
行军平时挝鼓吹角戒严，吹角一十二变为一叠，鼓音止，角音动，
一昼夜三角三鼓。大将以下都按级别备金鼓，遇有紧急事故，先头
部队击鼓报警，全军就进入战争准备状态了。①

杀败敌人以首级论功，是沿袭秦的制度，杀一个敌人赐爵一级
来的。

报功和发表战绩时也照例要夸大一番，以一为十，例如杀敌百
人，露布上必定要写千人之类。②

帅旗是中军所在的标识，也是全军指挥的中心，帅旗一倒，全
军就失去指挥，陷于混乱。以此，夺取敌方的帅旗也就成为古代战
将的主要目标了。

---

① 〔宋〕曾公亮：《武经总要》卷二；《通典》卷一五七。
② 《资治通鉴》卷六六。

古代的斗将：大军对阵，先来单挑

两军对垒，将和将斗，叫作斗将。我国的武打戏有悠久的传统，武打戏中的斗将，突出地集中地表现了勇士们的英勇气概，更是受人欢迎。其实，不止是今天的人们喜欢看斗将的戏，古代人也是喜欢的。例如司马光编《资治通鉴》，态度很严肃，取材极谨慎，但写晋将陈安的战斗牺牲，却十分寄予同情。

太宁元年（公元323年）七月，晋将陈安被赵主刘曜打败，帅精骑突围，出奔陕中。

刘曜遣将军平先等追击陈安。

陈安左手挥七尺大刀，右手运丈八蛇矛，近则刀矛俱发，一杀就是五六个人，远则左右驰射，边打边逃。平先也勇捷如飞，和陈安搏斗，打了三个回合，夺掉陈安的蛇矛。

到天黑了，下着大雨，陈安和几个亲兵只好丢掉马，躲在山里。第二天天晴了，赵军追踪搜索，陈安被擒牺牲。

陈安待将士极好，和将士共甘苦。死后，陇上人民很想念他，为他作壮士之歌，歌词道：

陇上壮士有陈安，躯干虽小腹中宽，爱养将士同心肝，骚骢交马铁瑕鞍。七尺大刀奋如湍，丈八蛇矛左右盘，十荡十决无当前。战始三交失蛇矛，弃我骚骢窜岩幽，为我外援而悬头；西流之水东流河，一去不还奈子何！

为我外援而悬头，这是陈安被陇上人民长久思念的道理。司马光在北宋对辽和西夏的战争中，怀念古代孤军抗敌的勇将，闻鼙鼓而思将帅，怕也是有所寄托吧。

宋曾公亮《武经总要》也记了几件斗将的故事。

一是史万岁。隋将窦荣定将兵击突厥，史万岁到辕门要求参军，窦荣定早听说史万岁勇敢的声名，一见大喜。派人告诉突厥，各选一壮士决胜负。突厥同意，派一骑将挑战，荣定就派史万岁应战。万岁驰出，斩敌骑而回。突厥大惊，立刻退军。

一件是白孝德的故事。史思明攻河阳，使骁将刘龙仙率铁骑五千临城挑战。龙仙健勇，骄傲轻敌，把右脚放在马鬣上，破口谩骂。

唐军元帅李光弼登城，看敌人情况，对诸将说："谁能去干掉他？"大将仆固怀恩报了名，光弼说："这不是大将干的事，看还有谁去？"大家都推白孝德。

光弼问白孝德要多少兵，孝德说，我一个人就行了。光弼很称赞他的勇气，还问需要什么，孝德只要五十个骑兵，大军鼓噪助威。

孝德手挟两个蛇矛，骑马过水，刘龙仙见他只一个人，不以为意，还是把脚放在马鬃上。稍近，龙仙刚要动弹，孝德摇摇手，好像叫他别动，龙仙不知其意，也就不动了。孝德对他说："侍中（光弼官称）叫我来讲话，没有别的。"龙仙退却几步，还是破口大骂。孝德勒住马，瞪着眼说："狗贼，你认得我吗？"龙仙说："谁啊？"孝德说："我是大将白孝德。"龙仙骂："是什么猪狗！"孝德大叫一声，持矛跃马便刺，城上一齐鼓噪，五十骑也跟着冲锋，龙仙来不及射箭，只好沿堤乱转，孝德追上，斩首而回。

一是王敬荛，说他多力善战，所用的枪、箭都用纯铁制成。枪重三十多斤，摧锋破敌，都以此取胜。

斗将的武艺：战将之间的对决，关键的当然是武艺

战将和战将面对面的搏斗中，武艺起决定作用。

小说戏文里记着许多回马枪、夺槊、绹索的故事。

唐玄宗时名将哥舒翰善用回马枪。他有家奴名左车，十五六岁，很有力气。哥舒翰每追敌人靠近了，用枪搭敌人的背，大喝一声，敌人失惊回头，趁势刺中喉头，挑起三五尺掼下，没有不死的。这时左车便下马割取首级，每次如此。

唐太宗的大将尉迟敬德善于避槊，每战，单骑冲入敌阵，敌人的槊四面攒刺，终不能伤，又会夺敌槊，反刺敌人，出入重围，往还无碍。

太宗的兄弟齐王元吉也会使槊，看不起敬德，要和他比赛。太宗叫两人把槊的刃去掉了，光用槊竿相刺。敬德说："带刃也不能伤我，不必去。但我的可以去掉。"比的结果，元吉竟不

初唐猛将尉迟敬德
（《历代圣贤名人像册》）

135

能中。

太宗问他："夺稍避稍，哪个难些？"敬德说："夺稍难。"太宗就叫夺元吉的稍。元吉执稍跃马，一心打算刺杀敬德，不料一会儿功夫，他的稍三次被敬德所夺。元吉以骁勇著名，虽然口头上十分称赞，心里却非常恼恨，以为丢人。

王世充领步骑数万来战，骁将单雄信领骑直追太宗，敬德跃马大呼，横刺雄信坠马，敌军稍退，敬德护卫着太宗突出敌围。[①]

长武器毕竟只能在近距离面对面厮杀，远一些就不济事了。这时，弓箭就起了作用。另外，有一种抛掷式的武器叫绳索。武则天时契丹将李楷固善使绳索和骑射、舞槊，每次冲锋，都如"鹘入鸟群，所向披靡。黄麞（地名）之战，（唐将）张玄遇、麻仁节皆为所绳"[②]。

长武器也讲究重量，《新唐书》卷一九三《张兴传》："为饶阳裨将，安禄山反，攻饶阳，兴擐甲持陌刀，重十五斤，敌人登城，兴一举刀就杀几个人，敌人很害怕。"《宋史·兵志》十一记公元1000年时神骑副兵马使焦偓献盘铁槊，重十五斤，在马上挥舞如飞。还有相国寺和尚法山，还俗参军，用铁轮拨，浑重三十三斤，头尾有刃，是马上格战的武器。

---

① 曾公亮：《武经总要》后集九。
② 《资治通鉴》卷二〇六。

唐代中期流行用陌刀作战，最著名的陌刀将是李嗣业，每为队头，所向必陷。公元748年高仙芝攻勃律（国名，在今新疆边外苏联境内。本为东西布鲁特人所居。布鲁特即勃律），嗣业和郎将田珍为左右陌刀将，吐蕃十万众据守娑勒城，据山因水，嗣业领步军持长刀上山头，大破敌军。756年和安禄山香积寺之战，嗣业脱衣徒搏，执长刀立于阵前大呼，当嗣业刀的人马都碎。[①] 阚

携带陌刀的唐朝武士
（唐代永泰公主墓壁画）

棱善用两刃刀，长一丈，名曰陌刀，一挥杀数人，前无坚对。[②]《裴行俭传》和《崔光远传》也都记有用陌刀作战的故事。《通鉴》卷二〇二注：陌刀，是大刀，一举刀可杀数人。《唐六典》说，陌刀是长刀，步兵所用，就是古代的斩马剑。

---

① 《旧唐书》卷一〇九。
② 《新唐书》卷九二，《阚棱传》。

戚继光练兵：实事求是乃名将的基本素养

戚继光（公元1528—1588年）是十六世纪后期抗倭的名将，谁都知道。但是他后来在北边十六年，训练边兵，保障国境安宁这一段史事，却为他自己以前抗倭的功绩所掩盖了，不大为人所知。

隆庆二年（公元1568年），戚继光以都督同知被任命为总理蓟州、昌平、保定三镇练兵事，负责北边边防。

在抗倭战争时代，卫所官军腐朽了，不能打仗了。戚继光招募浙江金华义乌一带农民，教以击刺法，长短兵迭用；又以南方多水田薮泽，不利于驰逐，就根据地形，制定阵法；讲求武器精利，练成一支敢战能战的精兵，当时戚家军屡战屡胜的威名，是全国皆知的。

现在，他到北方来了，面对的地形有平原，有半险半易的地形，有山谷厄隘，各种地形都有。敌人呢，是擅长骑马射箭的，也和倭寇不同。用在南方打仗的一套办法来对付新的情况行吗？

经过调查研究，深思熟虑，他制定了一套新的训练办法。首先针对边军畏敌、争功的毛病，把军队重新加以组织，节制严明，有功必赏，有过必罚。行伍、旌旗、号令、行军、扎营都逐一规定了制度。每天下场操练，务要武艺娴熟。他指出："教练之法，自有正门，美观则不实用，实用则不美观。"专拿应付上官检阅那一套来对付敌人是不行的。

为了在防御战上取得优势，他采用了骑、步、车、辎重结合的战术。还制定了阵法，在不同地形都可运用。吸收了和倭寇作战的经验，采用了敌人的武器倭刀和鸟铳，把原来的火器"大将军"、佛朗机、快枪、火箭等都加以改进和提高。长短兵选用的原则进一步得到发挥。

更重要的是使将士和全军都有共同的目标和信念，在练了两年兵，修筑了防御工事以后，他大会诸将，登坛讲话，三天之内把所有问题都讲透了，要诸将回去以后，传与军士，要人人信服，字字遵守，万人一心。同时编了一部书叫《练兵实纪》分发给每队，每队

抗倭名将戚继光（《戚继光坐像轴》）

择一识字人诵训讲解，全队口
念心记，充分地做好思想教育
工作。

为了给废弛已久的边兵
以纪律的榜样，他调来浙江兵
三千，刚到便在郊外等候检
阅，恰好这天下大雨，从早到
晚一刻不停，三千兵像墙一样
站着，没有一个乱动的，边军
看了，大吃一惊，才懂得什么
叫军令、军纪。

戚继光创设的"鸳鸯阵"（《纪效新书》）

在戚继光以前，守边的将军十七年间换了十个，大都是打了败
仗换的。戚继光在边镇十六年，敌人不敢入侵，北边安定。他走了
以后，继任者继承他的成规，也保持了边方几十年的安定。

经验是从实践得来的，经过总结，提高成为理论。但是实际情
况又千差万别，拿此时此地的经验硬应用于彼时彼地，就非碰壁不
可。这里又有因时、因地、因人制宜的问题。戚继光在南方、北方
军事上的成功，原因是善于从实践总结经验，更重要的是不以成功
的经验硬用于不同的地点和敌人，而宁愿从头做起，以具有普遍性
的理论原则来指导实践。在这一点上，戚继光练兵的故事在今天说
来也还是可以给我们一些启示的。

炮：古代军队攻坚的主要武器

下象棋的人都知道用炮，炮是用于远距离攻击的。这个"炮"，是用石头当炮弹的。1952年北京修建陶然亭公园时，挖出几个像足球大小的圆石头，也有像大皮球大小的，看来是北宋攻辽时所用的炮弹。

从长武器进一步发展到远距离杀伤武器的炮，人们的手臂又延伸得长一些了。

用石头作炮弹，用木头作炮床，应用杠杆的原理，把石弹抛得远远的，用以攻城，是中古时代最厉害的武器。炮床的形式、种类，公元1044年左右编成的《武经总要》有总结性的记录。

但是用石炮不始于宋，大体上从公元前五世纪到公元十四五世纪，有两千年左右的历史。

古代的石炮（《武经总要》）

相传公元前五世纪范蠡兵法，飞石重二十斤，为机发行五百步。①三国时有发石车，用机鼓轮发石，飞击敌城，可以打到几百步以外。②隋末李密攻洛阳，以机发石，号将军炮。③唐太宗围洛阳宫城，用大炮飞石，重五十斤，掷二百步。④公元645年李勣攻辽东城，用抛车飞三百斤石于一里之外。⑤公元956年，周世宗攻寿春，视察水寨，过桥的时候，下马取一石，拿到水寨作炮石，从官也跟着人人搬一块石头⑥，用方舟载炮，从淝水中流攻城。⑦宋仁宗时侬智高攻广州，把石头琢圆为炮，一发就杀几个人。⑧宋仁宗很重视这一武器，在京城开封城北，专门修建炮场，亲自检阅练习，又修了一个城西炮场。⑨公元1126年金人围攻开封，取城外宋军所准备的炮石，立炮架数百攻城，抛掷如雨，宋军中炮死的日不下数十。⑩刘豫攻大名，用炮车发断碑残碣攻城，城上的楼橹都被打坏，守城将士用盾障身，多被碎首。⑪一直到元朝末年，明徐达围攻苏州，叛将

---

① 《文选》，潘岳：《闲居赋》注。

② 《三国志·魏志》卷二十九，《杜夔传》注引傅玄记马钧事。

③ 《新唐书》卷八十四，《李密传》。

④ 《资治通鉴》卷一八八。

⑤ 《旧唐书》卷一九九上，《高丽传》。

⑥ 《通鉴》卷二百九十三。

⑦ 《五代史记》卷三十三，《刘仁瞻传》。

⑧ 司马光：《涑水纪闻》卷十三。

⑨ 《续资治通鉴长编》卷一七七。

⑩ 丁特起：《靖康纪闻》。

⑪ 《宋史》卷四百四十八，《郭永传》。

熊天瑞教城中作飞炮，城中的木头石块都用完了，拆祠庙民居为炮具。[①]明军也用炮攻城，张士诚的兄弟张士信在城楼上督战，被炮石打死。[②]

炮弹非用石头作不可，但在特殊情况下，也有用冰和泥的，如公元1004年契丹攻沧州，城中没有炮石，就用冰代炮石拒守。[③]攻安州，陈规固守，用泥作炮弹，敌人攻不下，只好走了。[④]

在这一千多年中，炮是军队攻坚的主要武器，但在公元十世纪左右，应用火药的火炮也发明了，以后石炮就逐步为火炮所代替。

① 吴宽：《平吴录》。
② 《明史》卷一二三，《张士诚传》；刘辰：《国初事迹》。
③ 《续资治通鉴长编》卷五十七。
④ 陆游：《老学庵笔记》卷五。

明代的火器：冷兵器的淘汰，明朝就开始了

火药从中国传到欧洲、东南亚、日本和世界各地。到十五世纪，中国又从安南（今越南）、葡萄牙、日本等国输入各种使用火药的火器。

明代最早的火器是从安南传来的，叫作神机枪、炮。

神机枪、炮用熟铜或生、熟赤铜相间铸造。也有用铁的，最好的是建铁，其次是西铁。大小不等，大的用车发，次和小的用架、用桩、用托，是当时行军的要器。明成祖非常重视这个新武器，特别组织了一支特种部队，叫神机营，并设监枪太监，是京军三大营之一。

永乐十年（公元1412年）下令从开平到怀来、宣府、万全、兴和等山顶，都安放五个炮架，二十年（公元1422年）又增设了山西大同、天城、阳和、朔州等地以御敌。①缺点是临时装火药，一发之后，装第二发要花很多时间。虽然威力大，敌人摸透了情况，临阵就趴在地上，到神机枪打出之后，立刻冲锋，火器就无从施展威力了。②

---

① 《明史·兵志》。

② 丘濬：《大学衍义补·火攻论》。

古代战争是人和人面对面站着打的，有了远距离的火器以后，就非卧倒、趴在地上不可了。武器的改进也改变了战争的方式、方法。同时，在战争中战将和战士的武艺的比重，也逐渐为使用远距离的火器的熟练程度所代替了。

第一个帮助明成祖制造神机枪的是安南人黎澄。①

其次是佛郎机，佛郎机即今葡萄牙。公元1517年葡萄牙商船到广东通商，白沙巡检何儒买了他们的炮，就叫这种炮作佛郎机。用铜制造，长五六尺，大的重一千多斤，小的重一百五十斤，巨腹长颈，腹部有长孔，藏子铳五个，装火药在腹中，射程达到一百多丈，是水战的利器。

公元1519年宁王宸濠反，福建莆田乡官林俊得到消息，连夜派人用锡作了佛郎机的模型和火药配方，送给统帅王守仁，送到的时候，王守仁已经把宸濠俘虏了，没有用上。②到公元1529年才正式制造，叫作大将军，发给各边镇用于防守。③

倭寇侵扰中国，又从日本传入鸟嘴铳。唐顺之记其形制说：

佛郎机、子母炮、快枪、鸟嘴铳都是嘉靖时的新武器，鸟嘴铳最后出，也最厉害。铳以铜、铁为管，用木杆装管。中贮铅弹，所

---

① 沈德符：《野获编》。
② 王守仁：《阳明集要》，《文华集》三，《庚辰书佛郎机遗事》。
③ 《明史·兵志》。

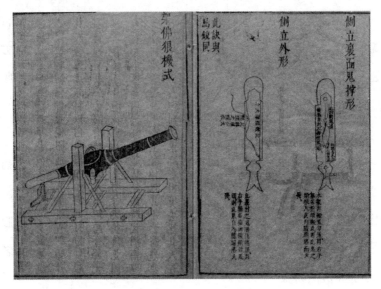

"佛朗机"火炮（《武备志》）

击人马洞穿。其点放之法，用手握铳，点燃药线。管背安雌雄两臬
（瞄准器），用眼睛对臬，用臬对准所要射击的目标，对准了才发
射，要打敌人的眉毛、鼻子，没有一失。快于神机枪，准于快枪，
是火器中的最好的东西。①

　　宋应星《天工开物》记鸟铳的制造方法很详细，说鸟雀在三十
步内被铳击，羽肉皆碎。五十步外方有完形，百步以外，铳力微
弱，便不行了。

---

① 《荆川外集》卷二，《条陈蓟镇练兵事宜》。

到明末，又传入红夷炮，长两丈多，重的到三千斤，能够打穿城墙，声闻数十里。天启元年（公元1621年）兵部建议，招寓居澳门、精于火炮的西洋人罗如望、阳玛诺、龙华民来内地制造铳炮。制成后命名为大将军，并派官祭炮。1630年又派龙华民、毕方济到澳门买炮和招募炮手，西洋人陆若汉、公沙的西劳带领西洋人多名带铳炮应募，参加宁远、涿州等战役。[①]

1626年明将袁崇焕守宁远和清军作战，用红夷炮轰击敌人，打了一个大胜仗，就是著名的宁锦大捷。传说清太祖努尔哈赤就是被红夷炮打伤致死的。1631年明将孔有德带着红夷炮投降清军，1632年清也开始造炮。

现在陈列在北京故宫午门左右阙门的几尊古老的大炮，就是明、清战争的遗物。

---

① 《明史·兵志》；黄伯禄：《正教奉褒》，14、15页。

第四章

搞外交：身段要灵活

明初大一统和分化政策：
朝廷与藩属，和平相处最关键

朱元璋以洪武元年（公元1368年）称帝建立新皇朝，但是大一统事业的完成，却还须等待二十年。

元顺帝北走以后，元朝残留在内地的军力还有两大支，一支是云南的梁王，一支是东北的纳哈出，都用元朝年号，雄踞一方。云南和蒙古本部隔绝，势力孤单，朱元璋的注意力先集中在西南，从洪武四年（公元1371年）消灭了割据四川的夏国以后，便着手经营，打算用和平的方式使云南自动归附，先后派遣使臣王祎、吴云招降，都被梁王所杀。到洪武十四年（公元1381年）决意用武力占领，派出傅友德、沐英、蓝玉三将军分两路进攻。

这时云南在政治上和地理上分作三个系统：第一是直属蒙古大汗，以昆明为中心的梁王。第二是在政治上隶属于蒙古政府，享有自治权利，以大理为中心的土酋段氏。以上所属的地域都被区分为路府州县。第三是不在上述两系统下和南部（今思普一带）的非汉族诸部族，就是明代叫作土司的地域。汉化程度以第一为最深，第二次之，第三最浅，或竟未汉化。现在贵州的西部，在元代属于云南行省，其东部则另设八番、顺元诸军民宣慰使司，管理罗罗族及苗族各土司。元至正二十四年（公元1364年），朱元璋平定湖南、湖北，和湖南接界的贵州土人头目思南（今思南县）宣慰，和思州（今思县）宣抚先后降附。到平定夏国后，四川全境都入版图，和四川接境的贵州

平定云南的大将傅友德
（《大明英烈传》）

其他土司大起恐慌，贵州宣慰和普定府总管即于第二年自动归附。贵州的土司大部分归顺明朝，云南在东北两面便失去屏蔽了。

明兵从云南的东北两面进攻，一路由四川南下取乌撒（今云南镇雄、贵州威宁等地），这区域是四川、云南、贵州三省的接壤处，犬牙突出，在军事上可以和在昆明的梁王主力军呼应，并且是罗罗族的主要根据地。一路由湖南西取普定（今贵州安顺），进攻昆明。从明军动员那天算起，不过一百多天工夫，明东路军便已直抵昆明，梁王兵败自杀。明兵再回师和北路军会攻乌撒，把蒙古军消灭了，附近东川（今云南会泽）、乌蒙（今云南昭通）、芒部（今云南镇雄）诸罗罗族完全降附，昆明附近诸路也都依次归顺。洪武十五年（公元1382年）二月置贵州都指挥使司和云南都指挥使司，树立了军事统治的中心，闰二月又置云南布政使司，树立了政治中

心。^①分别派官开筑道路，宽十丈，以六十里为一驿，把川、滇、黔三省的交通联系起来，建立军卫，"令那处蛮人供给军食"，控扼粮运。^②布置好了，再以大军向西攻下大理，经略西北和西南部诸地，招降麽些、罗罗、掸、僰诸族，分兵戡定各土司。分云南为五十二府，五十四县。云南边外的缅国和八百媳妇（暹罗地）着了慌，派使臣内附，又置缅中、缅甸和老挝（今寮国）八百诸宣慰司。为了云南太远，不放心，又特派义子西平侯沐英统兵镇守，沐家世代出人才，在云南三百年，竟和明朝的国运相始终。

纳哈出是元朝世将，太平失守被俘获，放遣北还，元亡后拥兵虎踞金山（在开原西北，辽河北岸），养精蓄锐，等候机会南下，和蒙古大汗的中路军、扩廓帖木儿的西路军，互相呼应，形成三路钳制明军的局面。在东北，除金山纳哈出军以外，辽阳、沈阳、开原一带都有蒙古军屯聚。洪武四年（公元1371年）元辽阳守将刘益来降，建辽东指挥使司，接着又立辽东都指挥使司，总辖辽东军马，以次征服辽沈、开原等地。同时又从河北、陕西、山西各地出兵大举深入蒙古，击破扩廓的主力军（元顺帝已于前一年死去，子爱猷识里达腊继立，年号宣光，庙号昭宗）。并进攻应昌（今热河经棚县以西察哈尔北部之地），元主远遁漠北。到洪武八年（公元1375年）扩廓死后，

① 《明史》卷一二四《把匝剌瓦尔密传》，卷一二九《傅友德传》，卷一二六《沐英传》，卷一三二《蓝玉传》。

② 张紞：《云南机务钞黄》，洪武十五年闰二月廿五日敕。

蒙古西路和中路的军队日渐衰困，不敢再深入到内地侵掠，朱元璋乘机经营甘肃、宁夏一带，招抚西部各羌族和回族部落，给以土司名义或王号，使其分化，个别内向，不能合力入寇，并利用诸部的军力，抵抗蒙军的入侵。在长城以北今内蒙地方则就各要害地方建立军事据点，逐步推进，用军力压迫蒙古人退到漠北，不使靠近边塞。西北问题完全解决了，再转回头来收拾东北。

洪武二十年（公元1387年）冯胜、傅友德、蓝玉诸大将奉命北征纳哈出。大军出长城松亭关，筑大宁（今热河黑城）、宽河（今热河宽河）、会州（今热河平泉）、富峪（今热河平泉之北）四城，储粮供应前方，留兵屯守，切断纳哈出和蒙古中路军的呼应，再东向以主力军由北面包围，纳哈出势穷力蹙，孤军无援，只好投降，辽东全部平定。[①]于是立北平行都司于大宁，东和辽阳，西和大同应援，作为国防前线的三大要塞。又西面和开平卫（元上都，今察哈尔多伦县地）、兴和千户所（今察哈尔张北县地）、东胜城（今绥远托克托县及蒙古茂明安旗之地）诸据点，联成长城以外的第一道国防线，从辽河以西几千里的地方，设卫置所，建立了军事上的保卫长城的长城。[②]两年后，蒙古大汗脱古思帖木儿被弑，部属分散，

[①] 钱谦益：《国初群雄事略》卷十一；《明史》卷一二九《冯胜传》，卷一二五《常遇春传》，卷一三二《蓝玉传》。

[②] 《明史》，《兵志》三；严从简：《殊域周咨录》卷十七，《鞑靼》；方孔炤：《全边略记》卷三；黄道周：《博物典汇》卷十九。

以后经过不断的政变、篡立、叛乱，实力逐渐衰弱，帝国北边的边防，也因之而获得几十年的安宁。

东北的蒙古军虽然降附，还有女真族的问题亟待解决。女真这一部族原是金人的后裔，依地理分布，分别为建州、海西、野人三种。过去两属于蒙古和高丽，部落分散，不时纠合向内地侵掠，夺取物资，边境军队防不胜防，非常头痛。朱元璋所采取的对策，军事上封韩王于开原，宁王于大宁，控扼辽河两头，封辽王于广宁（今辽宁北镇），作为阻止蒙古和女真内犯的重镇。政治上采取分化政策，把辽河以东诸女真部族，个别用金帛招抚（收买），分立为若干羁縻式的卫所，使其个别的自成单位，给予各酋长以卫所军官职衔，并指定住处，许其秉承朝命世袭，各给玺书作为进贡和互市的凭证，满足他们物资交换的经济要求，破坏部族间的团结，无力单独进攻。①到明成祖时代，越发积极推行这政策，大量地全面地收买，拓地到现在的黑龙江口，增置的卫所连旧设的共有一百八十四卫，立奴儿干都司以统之。②现在俄领的库页岛和东海滨省都是当年奴儿干都司的辖地。

辽东平定后，大一统的事业完全成功了。和前代一样，这大一统的帝国领有属国和许多藩国。从东面算起，洪武二十五年（公元1392年）高丽发生政变，大将李成桂推翻亲元的王朝，自立为王，

---

① 孟森：《明元清系通纪》，《清朝前纪》。
② 内藤虎次郎：《明奴儿干永宁寺碑考》，载《北平图书馆馆刊》四卷六期。

改国号为朝鲜，成为大明帝国最忠顺的属国。藩国东南有琉球国，西南有安南、真腊、占城、暹罗和南洋群岛诸岛国。内地和边疆则有许多羁縻的部族和土司。

藩属和帝国的关系缔结，照历代传统办法，在帝国方面，派遣使臣宣告新朝建立，藩国必需缴还前朝颁赐的印绶册诰，解除旧的臣属关系。相对的重新颁赐新朝的印绶册诰，藩王受新朝册封，成为新朝的藩国。再逐年颁赐大统历，使之遵奉新朝的正朔，永作藩臣。在藩国方面则必须遣使称臣入贡，新王即位，必须请求帝国承认册封。所享受的权利是通商和皇帝的优渥赏赐。和其他国家发生纠纷，或被攻击时，得请求帝国。至于藩国的内政，则可完全自主，帝国从来不加干涉。帝国在沿海特别开放三个通商口岸，主持通商和招待蕃舶的衙门是市舶司，宁波市舶司指定为日本的通商口岸，泉州市舶司通琉球，广州市舶司通占城、暹罗、南洋诸国。

朱元璋接受了元代用兵海外失败的经验，打定主意，不向海洋发展。

中国是农业国，工商业不发达，不需要海外市场，版图大，用不着殖民地，人口多，更不缺少劳动力，向海外诸国侵掠，"得其地不足以供给，得其民不足以使令"。从经济的观点看，是没有什么好处的；从利害的观点看，打仗要花一大笔钱，占领又得费事，不幸打败仗越发划不来。还是和平相处，保境安民，多一事不如少一事，这样一打算盘，主意就打定了。[①]

属国和藩国的不同处，在于属国和帝国的关系更密切，在许多场合，属国的内政也经常被过问，经济上的联系也比较的强。

内地的土司也和藩属一样，要定期进贡，酋长继承要得帝国许可。内政也可自主。所不同的是藩国使臣的接待衙门是礼部主客司，册封承袭都用诏旨，部族土司领兵的直属兵部，土府土县属吏部，体统不同。平时有纳税、开辟并保养驿路，战时有调兵从征的义务。内部发生纠纷，或反抗朝廷被平定后，往往被收回治权，直属朝廷，即所谓"改土归流"。土司衙门有宣慰司、宣抚司、招讨司、安抚司、长官司、土府、土县等名目，长官都是世袭，有一定的辖地和土民，总称土司。土司和朝廷的关系，在土司说，是借朝廷所给予的官位权威，震慑部下百姓，肆意奴役搜括。在朝廷说，用空头的官爵，用有限的赏赐，牢笼有实力的酋长，使其倾心内向，维持地方安宁，可以说是互相为用的。

大概地说来，明代西南部各小民族的分布，在湖南、四川、贵州三省交界处是苗族活动的中心，向南发展到了贵州。广西则是瑶族（在东部）、僮族（在西部）的根据地。四川、云南、贵州三省交界处则是罗罗族的大本营，四川西部和云南西北部则有麽些族，云南南部有僰族（即摆夷），四川北部和青海、甘肃、宁夏有羌族

---

① 参看吴晗：《十六世纪前之中国与南洋》，1936年1月《清华学报》十一卷一期。

（番人）。

在上述各区域中，除纯粹由土官治理的土司而外，还有一种参用流官的制度。流官即朝廷所任命的有一定任期而非世袭的地方官。大致是以土官为主，派遣流官为辅，事实上是执行监督的任务。和这情形相反，在设立流官的州县，境内也有不同部族的土司存在。以此，在同一布政使司治下，有流官的州县，有土官的土司，有土流合治的州县，也有土官的州县。即在同一流官治理的州县内，也有汉人和非汉人杂处的情形，民族问题复杂错综，最容易引起纷乱以至战争。汉人凭借高度的生产技术和政治的优越感，用武力，用其他方法占取土民的土地物资，土民有的被迫迁徙到山头，过极度艰苦的日子，有的被屠杀消灭，有的不甘心，组织起来以武力反抗，爆发地方性的甚至大规模的战争。朝廷的治边原则，在极边是放任的愚民政策，只要土司肯听话，便听任其作威作福，世世相承，不加干涉。在内地则取积极的同化政策，如派遣流官助理，开设道路驿站，选拔土司子弟到国子监读书，从而使其完粮纳税，应服军役，一步步加强统治，最后是改建为直接治理的州县，扩大皇朝的疆土。①

治理西北羌族的办法分两种：一种是用其酋长为卫所长官，世世承袭。一种因其土俗，建设寺院并赐番僧封号，利用宗教来统治

① 《明史·土司传》。

边民。羌族的力量分化，兵力分散，西边的国防就可高枕无忧了。
现在的西藏和西康当时叫作乌斯藏和朵甘，是喇嘛教的中心地区，
僧侣兼管政事，明廷因仍沿袭元制，封其长老为国师法王，令其抚
安番民，定期朝贡。又以番民肉食，对茶叶特别爱好，在边境建立
茶课司，用茶叶和番民换马，入贡的赏赐也用茶和布匹代替。①西边
诸族国的酋长、僧侣贪图入贡和通商的利益，得保持世代袭官和受
封的权利，都服服帖帖，不敢反抗，明朝三百年，西边比较平静，
没有发生什么大的变乱，当然，也说不上开发，从任何方面来说，
这一广大地区比之几百年前，没有任何进步或改变。

---

① 《明史·西域传》。

明太祖的祖训：永不攻打的十五藩国

明太祖承元而起，即位后一面继续用武力削平大陆上的割据者，一面派使臣到南洋诸国，说明中朝已经易代，命令他们向新统治者表示臣服的仪节。这仪节的手续分为几部分，第一是缴还元代所颁的印绶册诰，表示他们已和元室脱离关系。第二是重新颁给新的印绶册诰，表示他们接受新朝的册封，成为藩国。第三是颁赐《大统历》，表示奉新朝正朔，永为藩臣。在受册封者一方面应表示的礼节，是派使称臣入贡，恢复正常的外交关系。所得的权利是得和中国通商，外交的使节同时也是商船上的领袖。

洪武初年出使南洋的使臣，洪武二年（公元1369年）有吴用、颜宗鲁使爪哇[①]，刘叔勉使西洋琐里（Chola）。洪武三年（公元1370年）有赵述使三佛齐（Palembang），张敬之、沈秩使浡泥（Borneo），塔海帖木儿使琐里。明成祖即位后，永乐元年（公元1403年）中官尹庆使满剌加（Malacca）、古里（Calicut）、柯枝（Cochin）诸国，闻良辅、

[①] 参见《明史》卷三二四，《爪哇传》；严从简：《殊域周咨录》卷八，《爪哇》。

宁善使西洋琐里、苏门答腊（Atcheh）。[1] 足迹已遍南洋。洪武二十年
（公元1387年）谕爪哇之诏书，纯为说明统治权之转移，书曰：

> 中国正统，胡人窃据百有余年，纲常既隳，冠履倒置。朕以
> 是起兵讨之，垂二十年，海内悉定。朕奉天命以主中国，恐遐迩未
> 闻，故专报王知之。颁去《大统历》一本，王其知正朔所在，必能
> 奉若天道，使爪哇之民，安于生理，王亦永保禄位，福及子孙。其
> 勉图之勿怠。[2]

次年其王昔里八达剌蒲 [3] 遣使朝贡，纳前元所授宣敕二道，诏封
为国王。[4] 其他使臣之出发，均负同样使命。

明太祖是个脚踏实地的保守者。在他在位的期中（公元1368—1398
年）用全力去削平割据势力，奠定统一规模。同时致力于沿海的海防，
阻止倭寇的侵入，巩固北边的边防，防止蒙古人的南犯。又因内地诸蛮
族叛乱纷起，自宁复、凉州、洮州到湖南北、四川、两广、云南、贵
州，三十年中，几乎没有一年不用兵。他审虑自己的国力，只够巩固国

---

① 参见《明史》卷三二四至三二五，《外国传》。

② 《殊域周咨录》卷八，《爪哇》。

③ 此据《明史》，《殊域周咨录》作昔里八达，《东西洋考》作昔里八达剌八剌蒲。

④ 参见《殊域周咨录》卷八，《爪哇》。《明史》作洪武二年（公元1369年）太祖遣使以即
位诏谕其国，洪武三年（公元1370年）以平定沙漠颁诏。九月其王昔里八达剌蒲遣使奉金叶表来
朝贡方物，宴赉如礼。洪武五年（公元1372年）又遣使随朝使常克敬来朝，上元所授宣敕三道。

内和抵抗外来的侵略，绝无余力作对外发展之用。因此他就立定主意不再南迈。洪武二年（公元1369年）编定《皇明祖训·箴戒章》时，就特别指出不可倚中国富强，无故对外兴兵。他也看出元代征爪哇失败的教训，特别列出不征的十五夷国，叫后人遵守。他说：

四方诸夷皆限山隔海，僻在一隅，得其地不足以供给，得其民不足以使令。若其自不揣量，来挠我边，则彼为不祥。彼既不为中国患，而我兴兵轻犯，亦不祥也。吾恐后世子孙倚中国富强，贪一时战功，无故兴兵，致伤人命，切记不可。但胡戎兴西北边境，互相密迩，累世战争，必选将练兵，时谨备之。

今将不征诸国名列后：

东北：朝鲜国。

正东偏北：日本国虽朝实诈，暗通奸臣胡惟庸谋为不轨，故绝之。[1]

正南偏东：大琉球国、小琉球国

西南：安南国、真腊国、暹罗国、占城国、苏门答腊、西洋国、爪哇国、湓亨国、白花国、三弗齐国、浡泥国。[2]

虽富且强而决不用以对外侵略，如有来犯，则决不迟疑而立予以

---

[1] 按此条为洪武十三年（公元1380年）以后胡案发后所加入。

[2] 《皇明祖训》首章页五。

致命的还击。这是我国几千年来的立国精神，我国过去之为东亚领导者其理由在此，我国过去之所以无殖民地者其理由亦在此。我国今后必复兴，必富强，必重现汉、唐时代之国威者，其理由亦在此。

明太祖虽谆谆训谕其子孙，不可好大喜功，生事海外。但对和平的通商关系则仍遵前朝旧例，海外诸国入贡，许附载方物，与中国贸易。仍设市舶司，置提举官以领之。洪武初设市舶司于太仓、黄渡，寻罢。① 复设于宁波、泉州、广州。② 宁波通日本，泉州通琉球，广州通占城、暹罗、西洋诸国。永乐三年（公元1405年）以诸蕃贡使益多，乃置驿于福建、浙江、广东三市舶司以馆之，福建曰来远，浙江曰安远，广东曰怀远。寻设交趾、云南市舶提举司③，接西南诸国朝贡者。④ 凡贡使"附至蕃货，欲与中国贸易者，官抽六分，给价以赏

---

① 《明太祖实录》卷二八："吴元年（公元1367年）十二月庚午，置市舶提举司，以浙东按察司陈宁等为提举。"卷四九："洪武三年（公元1370年）二月甲戌，罢太仓、黄渡市舶司。凡番舶至太仓者，令军卫有司封籍其数，送赴京师。"

② 洪武中曾一度废止。《明太祖实录》卷九三："洪武七年（公元1374年）九月辛未，罢福建泉州、浙江明州、广东广州三市舶司。"永乐初复设。《明成祖实录》卷二三："元年（公元1403年）八月丁巳，上以海外番国朝贡之使，附带货物前来交易者，须有官专主之。遂命吏部依洪武初制，于浙江、福建、广东设市舶提举司，隶布政司。每司置提举一员，从五品；副提举二员，从六品；吏目一员，从九品。"寻命内臣提督之。嘉靖元年（公元1522年）给事中夏言奏，倭祸起于市舶。遂革浙江、福建二市舶司，唯存广东市舶司。市舶提举司之职掌为"掌海外诸蕃朝贡市易之事，辨其使人表文、勘合之真伪，禁通蕃，征私货，平交易，闲其出入而慎馆谷之。"（见《明史》卷七五，《职官志》）。

③ 《明成祖实录》卷七五："永乐六年（公元1408年）正月戊辰，设交趾、云南市舶提举司，置提举、副提举各一员。"

④ 参见《明史》卷八一，《食货志·市舶》。

之。仍除其税"①。为招徕蕃商计，货舶亦有时得邀免税的特典。②

贡使之来，往往多挟蕃货，由官抽给价，国家所费不赀。其馆驿又依例由地方人民负责③，官民为之交病。洪武七年（公元1374年）以倭寇猖獗，罢三市舶司。又谕中书及礼部臣曰：

> 古者诸侯于天子，比年一小聘，三年一大聘，九州之外，则每世一朝，所贡方物，表诚敬而已。远国如占城、安南、西洋、琐里、爪哇、浡泥、三佛齐、暹罗斛、真腊诸国，入贡既频，劳费太甚。今不必复尔，其移牒诸国俾知之。④

但南洋诸国仍贪入贡之利，来者不止。

三市舶司罢后，倭寇仍未敛迹，洪武十四年（公元1381年）又

---

① 《明太祖实录》卷四五。

② 《明史》卷三二四，《三佛齐》："洪武四年（公元1371年），户部言其货舶至泉州宜征税，命勿征。"

③ 《明成祖实录》卷二三六永乐十九年四月条："连年四方蛮夷朝贡之使，相望于道，实罢中国。"《明宣宗实录》卷五八宣德四年八月条："琉球国往来使臣，俱于福州停住，馆谷之需，所费不赀。通事林惠、郑长所带番梢从人二百余人，除日给廪米之外，其茶盐醢酱等物出于里甲，相沿已有常例。乃故行刁蹬，勒折铜钱，及今未半年，已用铜钱七十九万六千九百有余，按数取足，稍或稽缓，辄肆言驱。"卷六七宣德五年六月条："庚午上谕行在礼部臣曰：闻西南诸蕃进贡海舶初到，有司封识，遣人入奏，俟有命然后开封启运。使人留彼，动经数月，供给皆出于民，所费多矣。其令广东、福建、浙江三司，今后番舡至，有司遣人驰奏，不必待报，三司官即令市舶司称盘明注文籍，遣官同使人运送，庶省民间供馈。"此虽永、宣时事，但俱为常例，则此种情形沿自洪武时明甚。

④ 《明史》卷三二四，《暹罗传》。

下令禁濒海民私通海外诸国。^①但沿海居民，迫于生计，仍私自出外贸易，禁令愈严，获利愈大，私出贸易者因之愈多，货币之流出亦愈不可问。洪武二十三年（公元1390年）再诏户部严申交通外蕃之禁："中国金银铜钱缎疋兵器，自前代以来，不许出番。今两广、浙江、福建愚民无知，往往交通外番，私易货物，以故严禁之。"沿海军民官司纵令私相交易者悉治以罪。^②洪武二十七年（公元1394年）又下令禁民间用蕃香蕃货，使蕃商失去市场，为釜底抽薪之计。^③洪武三十年（公元1397年）又申禁人民无得擅出海与外国互市。^④

明成祖（公元1403—1424年）于建文四年（公元1402年）六月入南京即帝位，在他的登基诏书中，又重申通蕃的禁例："沿海军民人等近年以来，往往私自下番，交通外国，今后不许，所司一遵洪武事例禁治。"^⑤这命令仍是一纸虚文，不能禁遏这一股向南洋发展的洪流。政府没有法子，只好于次年八月重新恢复停罢已久的三处市舶提举司^⑥，使蕃商蕃货源源而来，抵制私商和私货，使其无利可图，自然歇手。又于永乐二年（公元1404年）下令禁民间海船，不

---

① 参见《明太祖实录》卷一三九。
② 参见《明太祖实录》卷二〇五。
③ 《明太祖实录》卷二三一："先是上以海外诸夷多诈，绝其往来，唯琉球、真腊、暹罗许入贡。而沿海之人，往往私下诸番，贸易香货，因诱蛮夷为盗。命礼部严禁绝之。敢有私下诸番互市者，必置之重法。凡番香番货皆不许贩鬻，其见有者限以三月销尽，民间祷祀止用松柏枫桃诸香，违者罚之。其两广所产香木听土人自用，亦不许越岭货卖，盖虑其杂市番香，故并及之。"
④ 参见《明太祖实录》卷二五二。
⑤ 《明成祖实录》卷一〇。
⑥ 参见《明成祖实录》卷二三。

许出口。①这办法显然也毫无用处，私商照旧出海，蕃香蕃货照旧充斥市场。一千七百年来所造成的自北而南的发展，航海术的进步，中国与南洋诸国交通的频繁，商业的发达，国内市场的需要，尤其是沿海贫民生计的逼迫，都使政府无法阻止这自然的、和平的海外拓殖。在南洋诸国方面，一千七百年来的自然发展，在经济上已与我国成为一体，他们迫切地需要锦绮瓷漆，正和我国的需要香药珠宝一样，在文化方面，在政治方面，也同样地不能离开我国。在这背景下，在这自然发展的趋势下，遂有郑和七下西洋的壮举。

---

① 参见《明成祖实录》卷二七："正月，时福建濒海居民，私载海船，交通外国，因而为寇，郡县以闻。遂下禁民间海船，原有海船者悉改为平头船，所在有司防其出入。"

郑和下西洋：三宝太监是否肩负特殊使命

　　首先说明西洋是指什么地方。明朝时候把现在的南洋地区统称为东洋和西洋。西洋指的是现在的印度半岛、马来半岛、印度尼西亚、婆罗洲等地区；东洋指的菲律宾、日本等地区。在元朝以前已经有了东、西洋之分，为什么有这样的分法呢？因为当时在海上航行要靠针路（指南针），针路分东洋指针和西洋指针，因此在地理名词上就有"东洋"和"西洋"。郑和下西洋指的是什么地方呢？主要是指现在的南洋群岛。

　　中国人到南洋去的历史很早，并不是从郑和开始的。远在公元以前，秦朝的政治力量已经达到现在的越南地区。到了汉武帝的时候，现在的南洋群岛许多地区已经同汉朝有很多往来。这种往来分两类：一类是官方的，即政府派遣的商船队；一类是民间的商人。可是像郑和这样由国家派遣的船队，一次出去几万人、几十条大船（这些船是当时世界上最大的船，也就是当时世界上最大的海军），不但到了现在南洋群岛的主要国家，而且一直到了非洲。其规模之大，人数之多，范围之广，那是历史上前所未有的，就是明朝以后也没有。这样大规模的航海，在当时世界历史上也没有过。郑和下西洋比哥伦布发现新大陆早87年，比迪亚士发现好望角早83年，比达·伽马发现新航路早93年，比麦哲伦到达菲律宾早116年。比世界上所有著名的航海家的航海活动都早。可以说郑和是历史上最早的、最伟大的、最有成绩的航海家。

问题是为什么在15世纪的前期中国能派出这样大规模的航海舰队，而不是别的时候？这个问题历史记载上有一种说法，说郑和下西洋仅仅是为了寻找建文帝的下落。这种说法是不正确的。上次我们讲到，明成祖从北京打到南京，夺取了他的侄子建文帝的帝位。建文帝是明太祖的孙子，他做了皇帝以后，听信了齐泰、黄子澄等人的意见，要把他的一些叔叔——明太祖封的亲王的力量消灭掉，以加强中央集权。他解除了一些亲王的军事权力，有的被关起来，有的被废为庶人。于是燕王便起兵反抗，打了几年，最后打到南京。历史记载说燕王军队打到南京后，"宫中火起，帝不知所终"。"帝不知所终"这句话是经过了认真研究的，因为当时宫里起了火，把宫里的人都烧死了，烧死的尸首分不清到底是谁。于是就发生了一个建文帝到底死了没有的疑案。假如没有死，他跑出去了的话，那么，他就有可能重新组织军队来推翻明成祖的统治。从当时全国的形势来看是存在这个问题的。因为建文帝是继承他祖父明太祖的，全国各个地方都服从他的指挥。明成祖虽然在军事上取得了胜利，但是并没有把建文帝的整个军事力量摧毁，他的军事力量只是在今天从北京到南京的铁路沿线上，其他地方还是建文帝原来的势力范围。因此明成祖就得考虑建文帝到底还在不在？如果是逃出去了，又逃到了什么地方？他得想办法把建文帝逮住。于是他派了礼部尚书胡濙，名义上是到全国各地去找神仙（当时传说有一个神仙叫张三丰），实际上是去寻找建文帝。前后找了二三十年。《明史·胡濙传》说胡濙每次找了回来都向明成祖报告。最后一次向皇帝报告时，成祖正在军中，胡濙讲的什么别人都听不到，只见他讲了以后明成祖很高兴。历史学家们认为，最后这一次报告，可能是说建文帝已经死了。另外，明成祖又怕建文帝不在国内，跑到国外去了。所以他在派郑和下西洋的时候，要郑和在国外也留心这件事。这是可能的，但这不是郑和下西洋的主要目的。郑和下西洋主要是由于经济上的原因。

这里插一个问题，讲讲明成祖和建文帝之间的斗争说明什么问题。明成祖以后的各代对建文帝的下落一事也非常重视。万历皇帝就曾经同他的老师谈起这个问题，问建文帝到底到哪里去了，为什么经过一百多年还搞不清楚。当时出现了很多有关建文帝的书，这些书讲建文帝是怎么逃出南京的，经过些什么地方，逃到了什么地方。有的书说他到了云南，当了和尚，跟他一起逃走的那些人也都当了和尚。诸如此类的传说越来越多。此外，记载建文帝事迹的书也越来越多。这说明什么问题呢？说明一个政治问题。建文帝在位期间，改变了他祖父明太祖的一些作法。他认为明太祖所定下来的一些制度，现在经过了几十年，应该改变。当时建文帝周围的一些人都是些儒生，缺乏实际斗争经验，他们自己出的一些办法也并不高明。尽管如此，建文帝的这种举动还是得到了不少人的支持。但是明成祖起兵反对他。在明成祖看来，明太祖所规定的一切制度都是尽善尽美的。他不容许建文帝改变祖先的东西。因此，明成祖和建文帝之间的斗争就是保持还是改变明太祖所定的旧制度的斗争。在这个斗争中建文帝失败了。明成祖做了皇帝以后，把建文帝改变了的一些东西又全部恢复过来。一直到明朝灭亡，二百多年都没有变动。

　　在这种情况下，有不少的知识分子对明成祖的政治感到不满，不满意他的统治。他们通过什么方式来表达这种不满呢？公开反对不行，于是通过对建文帝的怀念来表达。他们肯定建文帝，赞扬建文帝。实际上就是反对明成祖。因此，关于建文帝的传说就越来越多了。现在我们到四川、云南这些地方旅行，到处可以发现所谓建文帝的遗址。这里有一个庙说是建文帝住过的；那里有一个寺院，里头有几棵树，说是建文帝栽的。有没有这样的事情呢？没有。明末清初有个文人叫钱谦益（这个人政治上很糟糕）写了文章专门研究这个问题。当时许多书上都说：当南京被燕兵包围时，城门打不开，建文帝便剃了头发，跟着几个随从的人从下水道的水门跑出去了。钱谦益说这靠不住，南京下水道的水门根本不能通出城去。他当时做南京礼部尚书，宫殿里的情况是很熟悉的。此外，还有很多不合事实的传说，他都逐条驳斥了。最后他做了这样的解释：假如建文帝真的跑出去了，当时明成祖所统治的地区只是从北京到南京的交通线附近，只要建文帝一号召，全国各地都会响应他，他还可以继续进行斗争。但结果没有这样。这就可以得出一个结论：建文帝是死在宫里了。但当时不能肯定，万一他跑了怎么办？所以就派人去找。我认为这样解释比较说得通。

现在我们继续讲郑和下西洋的问题。如果说郑和下西洋的主要目的是为了找建文帝，那是不合事实的；但也不能说完全没有这方面的动机。因为当时的怀疑不能解决，通过他出去访问，让他注意这个问题是可能的。那么，郑和下西洋的主要目的到底是什么呢？这就是上次所说的，是国内经济发展的必然结果。经过1348年到1368年二十年的战争，经济上受到了很大的破坏。但是经过洪武时期采取的恢复生产、发展生产的措施以后，人口增加了，耕地面积扩大了，粮食、棉花、油料的产量都提高了，人民的生活有了改善，政府的财政税收比以前多了。随之而来，对国外物资的需要也增加了。这种对国外物资需要的增加主要在两个方面：一方面是人民日常生活所需要的物资，主要是香料、染料。香料主要是用在饮食方面作调料，就是把菜做得更好一些，或者使某种菜能收藏得更久。像胡椒就是人民所需要的东西。胡椒从哪里来呢？是从印度来的，一直到现在还是如此。还有其他许多香料也大多是从南洋各岛来的。在南洋有个香料岛，专门出产香料。另一种是染料，为什么对染料的需要这样迫切呢？明朝以前，我们的祖先常用的染料都是草木染料，譬如蓝色是草蓝；或者是矿物染料。这样的染料一方面价钱贵，另一方面又容易褪色。进口染料就可以解决这些问题。朝鲜族喜欢穿白衣服，我们国内有些人也喜欢穿白衣服，为什么？原因很简单，因为买不起染料。封建社会里，皇帝穿黄衣服，最高级的官穿红衣服，再下一级的官穿紫衣服，穿蓝衣服，最下等的穿绿衣服。为什么用衣服的颜色来区别呢？也很简单，染料贵。老百姓买不起染料，只好穿白衣服。所以古人说"白衣""白丁"，指的是平民。这些封建礼节都是由物质基础决定的。因此就有向国外去寻找染料的要求。这一类，是人民的日常生活所需要的。另外一类是毫无意义的消费品，主要是珠宝。这是专门供贵族社会特别是宫廷

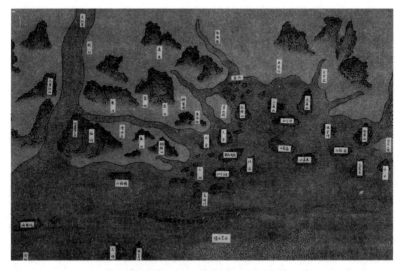

明代的航海图（《郑和航海图》）

170

里享受的。有一种宝石叫"猫儿眼"，还有一种叫"祖母绿"，过去谁也不知道是什么样子，只知道是宝石。最近我们在万历皇帝的定陵里发现了这两种东西。这些东西都是从外国买来的。除了珠宝以外，还有一些珍禽异兽。当时的人把一种兽叫做麒麟，实际上就是动物园里的长颈鹿。与对外物资需要增加的同时，由于国内经济的发展，一些可供出口的物资，如绸缎、瓷器（主要是江西瓷，其他地区也有一些）、铁器（主要生产工具）的产量也增加了。

除了经济上的条件以外，还有一个很重要的条件，就是当时中国对外的航海通商已有悠久的历史。从秦朝开始，经过唐朝、南宋到元朝，在这个漫长的时期内，政府的商船队、私人的商船队不断出去。有些私人商船队发了财。到了明朝，由于长期的积累，已经具备了丰富的航海知识和有经验的航海人员。有了这些条件，就出现了从明成祖永乐三年（公元1405年）到他的孙子明宣宗宣德五年（公元1433年）近三十年之间以郑和为首的七次下西洋的事迹。

郑和出去坐的船叫做"宝船"，政府专门设立了制造宝船的机构。这种船有多大呢？大船长四十丈，宽十八丈；中船长三十七丈，宽十五丈。当时在全世界再没有比这更大的船了。一条船可以载多少人呢？根据第一次派出的人数来计算，平均每条船可以坐四百五十人。每次出去多少人呢？有人数最多的军队，此外还有水手、翻译、会计、修船工人、医生等，平均每次出去二万七八千人。这样的规模是了不起的，后来的哥伦布、麦哲伦航海每次不过三四只船，百把人，是不能和这相比的。谁来带领这么多人的航海队呢？明朝政府选择了郑和。因为郑和很勇敢，很有能力。同时，当时南洋的许多国家都是信仰回教的，而郑和也是个回教徒（但他同时也信仰佛教），他的祖父和父亲都曾经朝拜过麦加。回教徒一生最大的愿望就是到麦加去磕一个头，凡是去过麦加的人就称为哈只。选派这样的回教徒到信仰回教的地方去就可以减少隔阂，好办事。在郑和带去的翻译里面也有一些人是回教徒，这些人后来写了一些书，把当时访问的一些国家的情况记载下来了。这些书有的流传到现在。有人问：郑和是云南人，他怎么成了明成祖部下的大官呢？这很简单，洪武十四年（公元1381年）的时候，明太祖派兵打云南，把元朝在云南的残余势力打败了，取得了云南。在战争中俘虏了一些人，郑和就是在这次战争中被俘虏的。他当时还是一个小孩，后来让他作太监，分给了明成祖。他跟明成祖出去打仗时，表现很勇敢，取得了明成祖的信任。因此明成祖让他担负了到南洋各国去访问的任务。

他们第一次出去坐了六十二艘大船，带了很多军队。这里发生了这样的问题：他们既然是到外国去通商，去访问，为什么要带这么多军队？这是因为当时从中国去南洋群岛的航线上有海盗，这些海盗不但抢劫中国商船，而且别的国家到我们这里来做买卖的商船也抢。郑和用强大的军事力量把海盗消灭了，这样就保证了航路的畅通。另外，为了防止外国来侵犯他们，也需要带足够的军事力量。郑和到锡兰的时候，锡兰国王看到中国商船队的物资很多，他就抢劫这些物资。结果郑和把他打败了，并把他俘虏到北京。后来明朝政府又把他放回去，告诉他，只要你今后不再当强盗就行了。可见为了航行的安全，郑和带军队去是必要的。郑和率领的军事力量虽然很强大，用现在的话来说，他带去了好几个师的军队，而当时南洋没有一个地区有这样强大的军事力量。但是郑和的军队只是用于防卫的。他所进行的是和平通商。尽管当时有这样的力量，这样的可能，但是没有占领别人的一寸土地。后来，比郑和晚一百年的西方人到东方来就不同了。他们一手拿商品，一手拿宝剑，把所到的地方都变成他们的殖民地。如葡萄牙人到了南洋以后就占领了南洋的一些岛屿。当然，在我们的历史上个别的时候也有占领别人的土地的事情。但总的来说，我们国家不是好侵略的国家，我们国家没有占领别国的领土，这和西方资本主义国家有本质的不同。根据当时保留下来的记载，可以看出郑和和南洋各国所进行的贸易是平等的，而不是强加于人的。交易双方公平议价，有些书上记载得很具体，说双方把手伸到袖子里摸手指头议价。现在我们国内有些地方还用这种办法。郑和所到的地区都有中国的侨民，有开矿的，有做工的，有做买卖的，各方面的人都有。有的地方甚至是以华侨为中心，华侨在经济上占主导地位。因此郑和每到一个地方都受到欢迎。

郑和每到一个国家，除了把自己带去的大量商品卖给他们外，也从这些国家带一些商品到中国来。从第一次出去以后，他就选择了南洋群岛的一个岛屿作为根据地，贮积很多货物，以此地为中心，分派商船到各地贸易，等各分遣船队都回到此地后，再一同回国。在前后不到三十年的时期中，印度洋沿岸地区他都走到了，最远到达了红海口的亚丁和非洲的木骨都束。木骨都束就是今索马里的首都，现在叫做摩加迪沙。前年摩加迪沙的市长访问北京的时候，我们对他讲：我们的国家五六百年前就有人访问过你们。他听了很高兴。

通过郑和七次下西洋，中国和南洋的航路畅通了，对外贸易大大地发展了，出国的华侨也就更多了。通过这几十年的对外接触，中国跟南洋这些地区的关系越来越深，来往也越来越多。由于华侨的活动，以及中国的先进的生产工具传入这些国家，这样，南洋地区的生产也越来越进步。所以，郑和下西洋的历史事实说明，我们这个国家有这样一个很好的传统：就是不去侵略人家。正因为这样，直到现在，尽管时间过去了五六百年，但是郑和到过的国家，很多地方都有纪念他的历史遗址。因为郑和叫三宝太监，所以很多地方都用三宝来命名。像郑和下西洋这样的事以往历史上是没有的，明朝以后也没有，这是明朝历史上一件很突出的事情。

现在要问：郑和第七次下西洋以后，为什么不去第八次呢？这里有客观的原因，也有主观的原因。客观原因是八十多年以后，欧洲人到东方来进行殖民活动，阻碍了中国和南洋诸国的往来。主观的原因有这几方面：第一，政治上的原因。明成祖死了以后，他的儿子做皇帝。这个短命皇帝很快又死了，再传给下一代，这就是宣宗。宣宗做皇帝时还是个八九岁的小孩，不懂事。于是宫廷里便由他的祖母当权；政府则由三杨（杨士奇、杨荣、杨溥）掌握。三杨在朝廷里当了二三十年的机要秘书。三个老头加上一个老太太掌握国家大权。这些人和明成祖不一样。明成祖有远大的眼光。他们却认为他多事，你派这么多人出去干什么？家里又不是没吃的、没喝的。不过明成祖在世时他们不敢反对，明成祖一死，他们当了家，就不准派人出去了；第二，组织这样的商队需要一个能代替郑和的人，因为郑和这时已经六十多岁，不能再出去了；第三，经济上的原因。从外国进口的物资都是消费物资，不能进行再生产。无论是香料还是染料，都是消费品，珠宝就更不用说了，更是毫无意义的东西。以我们的有用的丝绸、铁器、瓷器来换取珠宝，这样做划不来。虽然能解决沿海一些人的生活问题，但是好处不大，国家开支太多。所以，为了节约国家的财政开支，后来就不派遣商队出国了。正当明朝停止派船出国的时候，欧洲人占领了南洋的香料岛，葡萄牙人占领了我们的澳门。他们是用欺骗手段占领澳门的。开头他们向明朝的地方官说：他们的商船经常到这个地方来，遇到风浪把货物打湿了，要租个地方晒晒货物。最初还给租钱，后来就不给了，慢慢地侵占了这个地方，一直到现在还占领着。

从欧洲人到东方来占领殖民地以后，中国的形势就改变了。

经过清朝几百年，特别是鸦片战争以后，许多帝国主义国家从几个方面包围中国：印度被英国占领了；缅甸被英国占领了；越南被法国占领了；菲律宾先被西班牙占领，后又被美国占领了；东方的日本走上了资本主义道路，向外进行侵略扩张活动。所以近百年的中国，四面被资本主义国家和帝国主义国家所包围，再加上清朝政府的日益腐败，就使中国逐步变成了半殖民地半封建的国家，进入了半封建半殖民地的社会。

论奴才——石敬瑭父子：
明明年长十岁，却要甘当儿子

　　奴才之种类甚多。就历史上已有的材料而论，大体上可以分作两大类。一类是形逼势紧，国破家亡，身为囚虏，到了这步田地，不肯做也得做，做了满心委屈，涕泪交流，有奴才的形式而未曾具备或者养成奴才的心理的。这一类例子，如南宋亡国，太皇太后谢道清领着小孙子，寡妇孤儿，敌人兵临城下，军队垮台了，大臣跑了，大势已去，没奈何只得向元将伯颜递降表，一家儿被押送到北方，朝见忽必烈大汗。也幸亏是寡妇孤儿，免去了告庙献俘那一套。可是，如词人汪元量《水云词》所说："臣妾签名谢道清"，这滋味也就够了。又如西晋末的怀、愍二帝，北宋末的徽、钦二帝，这两对历史人物，真是无独有偶。都作过皇帝，相同一也；都亡国被俘，相同二也；被俘后都被逼向新主人青衣行酒（穿上奴才的服装，伏侍主子喝酒），相同三也；而且新主子都是被发左衽的外族（即外国人），相同四也；而且，都有看了受不了，跳起来把外国人骂一顿，因而被杀的忠臣，不肯作外国奴才的随从，相同五也。读史的人总是悲天悯人，同情弱者、失败者的，虽然自有其该被诅咒被清算的道理在，不过软心肠的人，读了这些翔实刻划的记载，还免不了一把眼泪一把鼻涕，冲淡了亡国君主的罪恶，替他们想想，倒也上算。

另一种则是很不好听的了。一心想作主子，奴役众多的人民，而又先天不足，后天失调，作事不得人心，夺取或者维持政权的武力又不大够，于是只好掸掸土，打点青衣，硬跪在外国人面前，写下甘结，卖身为奴。偏偏外国人有的是俘虏，愿作奴才可作奴才的甚多，一两打也不在乎。于是，只好更进一步，硬装年轻，拜在脚转弯下，作干儿子，作干孙子，具备了丰富了奴才的全部的一切的心理形态，求得番兵番械，杀向本国，当然还得有番顾问番将军指挥提携，圆满合作，完成了统一大业，坐上金銮宝殿。对内是大皇帝，对外呢，当然是儿皇帝、孙皇帝了。这一类的例子也有的是，著例是晋高祖石敬瑭父子。

当然，那时代的世界不很大，契丹、女真之外，实在也找不出别的列强。要不然，价钱讲不好的时候，多少也还可以撒一下娇，由冯道一流人物，用委婉的口气，诉说假如再不支持我，那么，我只好重新考虑什么什么之类的话。不幸而历史事实确是如上所说，无从考虑起，真也是无可奈何的事。

石敬瑭的脸谱是值得描画一下的，《旧五代史》七十五《晋高祖纪》说：

清泰三年（公元936年，晋天福元年）五月，（唐末帝）移授（敬瑭）郓州节度使（敬瑭原为太原节度使，驻晋阳）……降诏促赴任……（敬瑭）遂拒末帝之命……寻命桑维翰诣诸道求援，契丹遣人复书约以中秋赴义。九月辛丑，契丹主率众自雁门而南，旌旗不绝五十余里。是夜（敬瑭）出北门与戎王相见。戎王执敬瑭手曰，"恨会面之晚"。因论父子之义。十一月戎王会敬瑭于营，谓敬瑭曰，"我三千里赴义，事须必成，观尔体貌恢廓，识量深远，真国主也。天命有属，事不可失，欲徇蕃汉群议，册尔为天子"。敬瑭饰让久之。既而诸军劝请相继，乃命筑坛于晋阳城南，册敬瑭为大晋皇帝。（《辽史·太宗纪》，十一年冬十月甲子，封敬瑭为晋王，十一月丁酉册敬瑭为大晋皇帝，薛史及《通鉴》、欧阳史俱不载先封晋王事。）文曰："维天显九年（公元934年）岁次丙申十一月丙戌朔十二日丁酉，大契丹皇帝若曰……咨尔子晋王神钟睿哲，天赞英雄……尔惟近戚，实系本枝，所以余视尔若子，尔待予犹父也……是用命尔当践皇极，仍以尔自兹并土，首建义旗，宜以国号曰晋。朕永与为父子之邦，保山河之誓。"……

石敬瑭生于唐景福元年二月二十八日，景福元年为公元892年，到清泰三年是四十五岁。他的"干爸爸"辽太宗耶律德光呢，生于唐天复二年，公元902年，到清泰三年是三十五岁，整整比他的儿皇帝小十岁。父亲三十五，儿子四十五，无以名之，学现代名词，称之为政治父子吧！

干爸爸支持干儿子作皇帝，君临中国人民的代价："是日，帝言于戎王，愿以雁门以北及幽州之地为戎王寿，仍约岁输帛三十万，戎王许之。"也就是历史上著称的燕云十六州，包括现在以北平和大同为中心东至榆关北迄内蒙的一片广大地区，更主要的是长城原为中国国防险要，这片地一割，契丹军力驻在长城以南，北宋建国，北边就无险可守了。辽亡，这片地归金，金亡归元，一直要到1368年，明太祖北伐，才算重归故国，统计起来，沦陷了差不多四百三十二年！

闰十一月甲子戎王举酒言于帝曰："予远来赴义，大事已成，皇帝须赴京都。今令大详衮勒兵相送至河梁，要过河者任意多少，予亦且在此州，俟京洛平定，便当北辕。"执手相泣，久不能别。脱白貂裘以衣帝，赠细马二十匹，战马一千二百匹，仍诫曰，子子孙孙，各无相忘。

由这一史料说明，敬瑭入京都主要的军力是契丹军，也就是援晋军，契丹资助物资最主要的是战马。至于执手相泣，有人说是矫情，其实并不见得。何以知之？因为一个是平白作了中国皇帝的父亲，喜欢得掉眼泪；另一个呢，凭着干爸爸平步登天作皇帝，"庙堂初入"，皇基大奠，又怎能不感激涕零呢！

作了七年儿皇帝，石敬瑭死时年五十一岁。

编历史的人——史臣对石敬瑭是不同情的，旧史不同情他召外援，残中国，说："然而图事之初，召戎为援，契丹自兹而孔炽，黔黎由是以罹殃。迨至嗣君，兵连祸结，卒使都城失守，举族为俘，亦犹决鲸海以救焚，何逃没溺，饥鸩浆而止渴，终取丧亡，谋之不臧，何至于是！"

其实，作人家的干儿子，奴颜婢膝称臣纳贡，到底也不是什么痛快事。表面上石敬瑭恭恭敬敬侍候恩人大契丹皇帝，到清夜扪心，良心发作时，也还是不快活的。《旧五代史》八十九《桑维翰传》说："高祖召使人于内殿，传密旨于维翰曰，朕比以北面事之，烦懑不快。"可是自作自受，无法翻悔，也不敢翻悔。到了下一代，受不了这口气，就不能不变卦了。

敬瑭死，侄子重贵即位，称为少帝。景延广当国执政。《旧五代史》八十八《景延广传》："朝廷遣使告哀契丹，无表。致书去臣称孙。契丹怒，遣使来让。延广乃奏遣契丹回国使乔荣告戎王曰：先帝则北朝所立，今上则中国自策，为邻为孙则可，无为臣之理。且言晋朝有十万口横磨剑，翁若要战则早来，他日不禁孙子，则取笑天下，当成后悔矣。由是与契丹立敌，干戈日寻。"原来少帝和景延广的看法，称臣和称孙是有区别的，当干孙子是自家人称谓，耻辱只是石氏一家的事。称臣则是整个晋国，包括大臣和人民在内的耻辱，就不免于国体有关了。

晋辽战争的结果，开运三年（公元946年）十二月晋军败降，契丹军入大梁。少帝奉降表于戎王道："孙男臣重贵言：擅继宗祧，既非禀命，轻发文字，辄敢抗尊，自启衅端，果贻赫怒，祸至神惑，运尽天亡……臣负义包羞，贪生忍耻，自贻颠覆，上累祖宗，偷度晨昏，苟存食息。翁皇帝若惠顾畴昔，稍霁雷霆，未赐灵诛，不绝先祀，则百口荷更生大德，一门衔无报之恩，虽所愿焉，非敢望也。"

皇太后也上降表，署名是晋室皇太后媳妇李氏妾言，谢罪求生，大意相同。次年正月辛卯，契丹封少帝为负义侯，黄龙府安置，其地在渤海国界。十八年后，宋太祖乾德二年（公元964年）少帝死于建州。史臣说他"委托非人，坐受平阳之辱，旅行万里，身老穷荒，自古亡国之丑，无如帝之甚也，千载之后，其如耻何。伤哉！"算算年头看，今年是1947年，刚好是一千年！

细读五代史，原来养干儿子，拜干爸爸是这个时代的风气，尤其是蕃人，当时的外国人。薛居正《旧五代史·晋高祖纪》还替晋高祖说谎，说是什么本太原人，卫大夫碏汉丞相奋之后，一连串鬼话。欧阳修《新五代史》便无需回护了，老实说："高祖圣文章武明德孝皇帝，其父臬捩鸡，本出于西夷，从朱邪入居阴山，臬捩鸡生敬瑭，其姓石氏，不知其得姓之始也。"朱邪是沙陀族，石家是沙陀世将，那么，石敬瑭自愿作契丹主的干儿子，石重贵愿作干孙子而不愿称臣的道理，也就可以明白了。

隔了一千年，读石敬瑭的记载，似乎还听得见看得见石敬瑭的面貌声音，石敬瑭左右的谈话和声明，援助，救济，军火，物资，哀求声，恫吓声，撒娇声，历历如绘。

第五章

生活篇：于细微之处见历史

宋元以来老百姓的称呼：
一辈子没大名，过去挺常见

旧戏上小生的道白，常有学名什么、官名什么，足见在封建社会里学生上学起学名，一旦作了官又有官名。那么，没上学、没作官以前，平常老百姓叫什么呢？戏文上凡是旅店里的服务员，一律都叫作店小二。至于一般人怎么称呼，因为史书上很少记载老百姓的事情，多年来也只好阙疑了。

求之正史不得，只好读杂书，读了些年杂书，这个疑算是解决了。原来阶级的烙印连老百姓起名字的权利也不曾放过，在古代封建社会里，平民百姓没有功名的，是既没有学名，也没有官名的。怎么称呼呢？用行辈或者父母年龄合算一个数目作为一个符号。何以见得？清俞樾《春在堂随笔》卷五说：

徐诚庵见德清蔡氏家谱有前辈书小字一行云：元制庶人无职者不许取名，而以行第及父母年龄合计为名，此于元史无征。然证以高皇帝（明太祖）所称其兄之名，正是如此，其为元时令甲无疑矣。现在绍兴乡间颇有以数目字为名者，如夫年二十四，妇年二十二，合为四十六，生子即名四六。夫年二十三，妇年二十二，合为四十五，生子或为五九，五九四十五也。

俞樾又引申徐诚庵之说，指出明初常遇春的曾祖四三、祖重五、父六六；汤和曾祖五一、祖六一、父七一，亦以数目字为名。他又引宋洪迈《夷坚志》所载宋时杂事，有兴国军民熊二、鄱阳城民刘十二、南城田夫周三、鄱阳小民隗六、符离人从四、楚州山阳县渔者尹二、解州安邑池西乡民梁小二、临川人董小七、徽州婺源民张四、黄州市民李十六、仆崔三、鄱阳乡民郑小五、金华孝顺镇农民陈二，等等。根据这些例子分析，其一，这些人都是平常百姓；其二，地区包括现在的安徽、浙江、江西、山西、湖北等地；其三，称呼都以排行数字计算。因此，下的结论是"疑宋时里巷细民，固无名也"。

其实，宋代平民姓名见于《清明集·户婚门》的很多，如沈亿六秀、徐宗五秀、金百二秀、黎六九秀之类。明太祖的父亲叫五四、名世珍，二哥重六名兴盛，三哥重七名兴祖，明太祖原来也叫重八、名兴宗，见潘柽章《国史考异》引《承休端惠王统宗绳蛰录》，可见明太祖一家原来都是以数字命名的。至于世珍、兴宗这一类学名、官名性质的名字，大概都是明太祖爬上统治阶级以后所追起的。

元代安徽地区的平民如此，江苏也是如此。例如张士诚原名九四，黄溥《闲中今古录》说："有人告诉朱元璋，张士诚一辈子宠待文人，却上了文人的当。他原名九四，作了王爷后，要起一个官名，有人替他起名士诚。朱元璋说：'好啊，这名字不错。'那人说：'不然，上大当了。'《孟子》上有：'士，诚小人也。'这句话也可以读作'士诚，小人也'。骂张士诚是小人，给人叫了半辈子小人，到死还不明白，真是可怜。"可见张士诚的名字也是后来起的。

不只是宋、元、明初以及清朝后期的绍兴，甚至到清朝末年以至民国初年，绍兴地方还残留着这个阶级烙印的传统，不信吗？有鲁迅先生的著作为证。他在《社戏》一文中所列举的人名就有八公公、六一公公之类，在另一篇中还有九斤老太呢。

上面讲到宋朝的人名下面有带着秀字的，秀也是宋、元以来的民间称呼，是表示身份地位的。明初南京有沈万三秀，是个大财主，让明太祖看中了，被没收家财，还充军到云南。秀之外又有郎，王应奎《柳南随笔》卷五说："江阴汤廷尉《公余日录》云：明初闾里称呼有二等，一曰秀，一曰郎。秀则故家右族，颖出之人，郎则微裔末流，群小之辈。称秀则曰某几秀，称郎则曰某几郎，人自分定，不相逾越。"可见从宋到明，官僚贵族子弟称秀，市井平民则只能称郎，是不能乱叫的。沈万三称秀是因为有钱。另一个例子，送坟地给朱元璋的那个刘大秀则是官僚子弟，光绪《凤阳县志》卷十二："刘继祖父学老，仕元为总管。"继祖排行第一，所以叫作大秀。"

这样，也就懂得戏文里演的民间故事，男人叫作什么郎的道理了。也就难怪卖油郎独占花魁这个故事，秦小官卖油，就叫作卖油郎的来由了。还有，明清两代社会上有一句话"不郎不秀"，是骂人不成才，高不成低不就的意思，一直到现代，还有些地区保留这句话，却很少人懂得原来的含意了。

从以上一些杂书可以看出，宋、元、明以来的平民称呼情况，这类称呼算不算名字呢，不算。也有书可证。明太祖出家时得到过汪、刘两家人的帮助。作了皇帝后他封这两家人作官，还送给这两家青年时代的朋友两个名字。《明太祖文集》卷五赐汪文、刘英敕："今汪姓、刘姓者见勤农于乡里，其人尚未立名，特赐之以名曰文，曰英。"汪文、刘英的年龄假定和明太祖相去不远，公元1344年约年十七八岁，那么，到洪武初年已经四十多岁了，还没有名字。其道理是作了一辈子农民。可见他们原来的无论行辈或者合计父母年龄的数字符号都不能算名字，没有上过学，没有作过官，也就一辈子作个无名之人。这两个人因为和皇帝有交情，作了署令的官，作官应该有官名，像个官样子，圣旨赐名，才破例有了名字。

这也就难怪正史上从来不讲这个事情的道理了。不但"元史无征"，什么史也是无征的道理了。

南人与北人：地域矛盾这个问题，古代就有

在新式的交通工具没有输入中国以前，高山和大川把中国分成若干自然区域，每一区域因地理上的限制和历史上的关系，自然地形成它的特殊色彩，保有它的方言和习惯。除开少数的商旅和仕宦以外，大部分人都窒处乡里，和外界不相往来。经过长期的历史上的年代，各地的地方色彩愈加浓厚，排他性因之愈强，不肯轻易接受新的事物。《汉书·地理志》记秦民有先王遗风，好稼穑，务本业；巴、蜀民食稻鱼，无凶年忧，俗不愁苦，而轻易淫佚，柔弱褊阸；周人巧伪趋利，贵财贱义，高富下贫，熹为商贾，不好仕宦；燕俗愚悍少虑，轻薄无威，亦有所长，敢于急人；吴民好用剑，轻死易发；郑土陿而险，山居谷汲，男女亟聚会，其俗淫……是说明地方性的好例。

到统一以后，各地政治上的界限虽已废除，但其特性仍因其特殊的地理环境而被保留。虽然中间曾经过若干次的流徙和婚姻的结合，使不同地域的人有混合同化的机会，但这也只限于邻近的区域，对较远的和极远的仍是处于截然不同的社会生活。例如吴越相

邻，这两地的方言、习惯，以及日常生活、文化水准便相去不远，比较地能互相了解。但如秦、越则处于"风马牛不相及"的地位，虽然是同文同族，却各有不同的方言、不同的习惯、不同的日常生活，差别极远。以此，在地理上比较接近的区域便自然地发生联系，自成一组，在发生战事或其他问题时，同区域的人和同组的人便一致起而和他区他组对抗。在和平时，也常常因权利的争夺发挥排他性，排斥他区他组的人物。这种情形从政治史上去观察，可以得到许多极好的例证。

依着自然的河流，区分中国为南北二部，南人北人的名词因此也常被政治家所提出。过去历史上的执政者大抵多起自北方，因之政权就常在北人手中，南人常被排斥。例如《南史·张绪传》：

齐高帝欲用张绪为仆射，以问王俭。俭曰："绪少有佳誉，诚美选矣。南士由来少居此职。"褚彦回曰："俭少年或未谙耳。江左用陆玩、顾和，皆南人也。"俭曰："晋氏衰政，未可为则。"

同书《沈文季传》：

宋武帝谓文季曰："南士无仆射，多历年所。文季曰：南风不竞，非复一日。"

可见即使是在南朝，"南士"也少居要路，东晋用南人执政，至被讥为衰政。

北宋初期至约定不用南人为相，释文莹《道山清话》：

太祖常有言不用南人为相，国史皆载，陶谷《开基万年录》《开宝史谱》皆言之甚详，云太祖亲写南人不得坐吾此堂，刻石政事堂上。

《通鉴》亦记：

宋真宗久欲相王钦若。王旦曰："臣见祖宗朝未尝有南人当国者。虽古称立贤无方，然须贤士乃可。臣为宰相，不敢阻抑人，此亦公议也。"乃止钦若入相。钦若语人曰："为子明迟我十年作宰相。"

当国大臣亦故意排斥南人，不令得志，《江邻几杂志》记：

寇莱公性自矜，恶南人轻巧。萧贯当作状元，莱公进曰："南方下国，不宜冠多士，遂用蔡齐。"出院顾同列曰："又与中原夺得一状元。"

《宋史·晏殊传》：

晏殊字同叔，抚州临川人，七岁能属文。景德初张知白安抚江南，以神童荐之。帝召殊与进士千余人并试廷中，殊神气不慑，援笔立成。帝嘉赏，赐同进士出身。宰相寇准曰："殊江外人。"帝顾曰："张九龄非江外人耶？"

蒙古人入主中原后，南人仍因历史的关系而被摈斥。《元史·程钜夫传》：

至元二十四年（公元1287年）立尚书省，诏以为参知政事，钜夫固辞。又命为御史中丞，台臣言钜夫南人，且年少。帝大怒曰："汝未用南人，何以知南人不可用。自今省部台院必参用南人。"

虽经世祖特令进用南人，可是仍不能打破这根深蒂固的南北之见，南人仍被轻视，为北人所嫉妒。同书《陈孚传》：

至元三十年（公元1293年）陈孚使安南还，帝方欲寘之要地，而廷臣以孚南人，且尚气，颇嫉忌之。遂除建德路总管府治中。

《元明善传》说得更是明白：

明善与虞集初相得甚欢。后至京师，乃复不能相下。董士选属明善曰："复初（明善）与伯生（集）他日必皆光显，然恐不免为人构间。复初中原人也，仕必当道。伯生南人也，将为复初摧折。今为我饮此酒，慎勿如是。"

南人至被称为"腊鸡"，叶子奇《草木子》说：

南人在都求仕者，北人目为腊鸡，至以相訾诟，盖腊鸡为南方馈北人之物也，故云。

到明起于江南，将相均江淮子弟，南人得势。几个有见识的君主却又矫枉过正，深恐南人怀私摈斥北士，特别建立一种南北均等的考试制度。在此制度未创设以前，且曾发生因南北之见而引起的科场大案。《明史·选举志》记：

初制礼闱取士不分南北。自洪武，丁丑考官刘三吾、白信蹈所取宋琮等五十二人皆南士。三月廷试擢陈䢿为第一，帝怒所取之偏，命侍读张信十二人复按，䢿亦与焉。帝怒犹不已，悉诛信蹈及陈䢿等，戍三吾于边。亲自阅卷，取任伯安等六十一人。六月复廷试，以韩克忠为第一，皆北士也。

洪熙元年（公元1425年），仁宗命杨士奇等定取士之额，南人十六，北人十四。宣德正统间分为南、北、中卷，以百人为率，则南取五十五名，北取三十五名，中取十名。南卷为应天及苏松诸府、浙江、江西、福建、湖广、广东。北卷顺天、山东、山西、河南、陕西。中卷四川、广西、云南、贵州，及凤阳、庐州二府，滁、徐、和三州。成化二十二年（公元1486年），四川人万安周弘谟当国，曾减南北各二名以益于中。至弘治二年（公元1489年）仍复旧制。到正德初年（公元1506年），刘瑾（陕西人）、焦芳（河南人）用事，增乡试额，陕西为百人，河南为九十五，山东、西均九十。又以会试分南、北、中卷为不均，增四川额十名并入南卷，其余并入北卷，南北均取百五十名。瑾、芳败，又复旧制。天顺四年（公元1460年）又令不用南人为庶吉士，《可斋杂记》说：

天顺庚辰春廷试进士第一甲，得王㒜等三人。后数日上召李贤谕曰："永荣宣德中咸教养待用，今科进士中可选人物正当者二十余人为庶吉士，止选北方人，不用南人。南方若有似彭时者方选取。"贤出以语时，时疑贤欲抑南人进北人，故为此语，因应之曰："立贤无方，何分南北。"贤曰："果上意也，奈何！已而内官牛玉复传上命如前，令内阁会吏部同选。"时对玉曰："南方士人岂独时比，优于时者亦甚多也。"玉笑曰："且选来看。"是日贤与三人同诣吏部，选得十五人，南方止三人，而江南惟张元祯得与云。

但在实际上，仍不能免除南北之见，例如《朝野记略》所记一事：

正德戊辰，康对山海（陕西人）同考会试，场中拟高陵吕仲木柟为第一，而主者置之第六。海忿，言于朝曰："仲木天下士也，场中文卷无可与并者；今乃以南北之私，忘天下之公，蔽贤之罪，谁则当之。会试若能屈矣，能屈其廷试乎？"时内阁王济之（鏊，震泽人）为主考，甚怨海焉。及廷试，吕果第一人，又甚服之。

到末年吴、楚、浙、宣、昆诸党更因地立党，互相攻击排斥，此伏彼起，一直闹到亡国。在异族割据下或统治下，征服者和被征服者的关系愈形尖锐化。如南北朝时期"索虏""岛夷"之互相蔑视，元代蒙古、色目、汉人、南人之社会阶级差异，清代前期之满汉关系及汉人之被虐待、残杀、压迫。在这情形下，汉族又被看作一个整体——南人。在这整体之下的北人和南人却并不因整个民族之受压迫而停止带有历史性的歧视和互相排斥，结果是徒然分化了自己的力量，延长和扩大征服者的统治权力。这在上举元代的几个例证中已经说明了这个具体的事实了。

也许在近百年史中最值得纪念的大事，是新式的交通工具及方法之输入。它使高山大川失却其神秘性，缩短了距离和时间，无形中使几千年来的南北之见自然消除，建设了一个新的、统一的民族。

古人的坐跪拜：古人的膝盖为啥软？
还得从坐姿说起

　　年轻时候看旧戏，老百姓见官得跪着，小官见大官得跪着，大官见皇帝也得跪着，跪之不足，有时还得拜上几拜，心里好生纳罕，好像人们长着膝盖就是为着跪、拜似的，为什么会有这种礼节呢？

　　后来读了些书，证明戏台上的跪、拜，确是反映了古代人们的生活礼节。例如清末大学士瞿鸿禨的日记上，就记载着清朝的宰相们和皇帝、皇太后谈话的时候，都一溜子跪在地上，他们大多数人都年纪大了，听觉不好，跪在后边的听不清楚皇帝说的什么，就只好推推前边跪的人，问到底说的是什么。有的笔记还记着这些年老的大官，怕跪久了支持不住，特地在裤子中间加衬一些东西，名为护膝。而且，不止是宫廷、官府如此，民间也是这样的，如蔡邕《饮马长城窟行》："长跪读素书，书上竟何如？"古诗："上山采蘼芜，下山逢故夫，长跪问故夫，新人复何如？"《后汉书·梁鸿传》说，孟光嫁给梁鸿，带了许多嫁妆，过门七天，梁鸿不跟她说话，孟光就跪在床下请罪。《孔雀东南飞》："府吏长跪答，伏维启阿母。"可见妇女对男子、儿子对母亲也是有长跪的礼节的。

这到底是什么缘故呢？

原来古代人是席地而坐的，那时候没有椅子、桌子之类的家具，不管人们在社会上地位的高低，都只能在地上铺一条席子，坐在地上。例如汉文帝和贾谊谈话，谈到夜半，谈得很投机，文帝不觉前席，坐得靠近贾谊一些，听取他的意见。至于三国时代管宁和华歆因为志趣不同，割席的故事，更是尽人皆知，不必细说了。正因为人们日常生活、学习也罢，工作也罢，都是坐在地上的，所以跪、拜就成为表示礼节的方式了。宋朝朱熹对坐、跪、拜之间的关系，有很好的说明。他说："古人坐着的时候，两膝着地，脚掌朝上，身子坐在脚掌上，就像现在的胡跪。要和人打招呼——肃拜，就拱两手到地：顿首呢，是把头顿于手上；稽首则不用手，而以头着地，像现在的礼拜，这些礼节都是因为跪坐着而表示恭敬的。至于跪和坐又有小小不同处：跪是膝着地，伸腰及股，坐呢？膝着地，以臀着脚掌，跪有危义，坐则稍安。"①

从朱子这篇文章看来，宋朝人已经弄不清跪、坐、拜的由来了，所以朱熹得作这番考证。

有人不免提出疑问，人们都坐在地上，又怎么能工作和吃饭呢？这也不必担心，古人想出了办法，制造了一种小案，放在席

---

① 《朱文公文集》卷六十八，《跪坐拜说》。

上，可用以写字、吃饭。梁鸿和孟光夫妻相敬如宾，吃饭的时候，孟光一切准备好了，举案齐眉。把案举高到齐眉毛，这个案是很小很轻的，要不然，像今天一般桌子那样大小，孟光就非是个大力士不可。

因为古代人们都是坐在地上的，所以就得讲清洁卫生，要不然，一地的灰尘，成天坐着，弄得很脏，成何体统？

到了汉朝后期，北方少数民族的一种家具——胡床，传进来了，行军时使用非常方便，曹操就曾坐在胡床上指挥作战。后来从胡床一变而为家庭使用的椅子，椅子高了，就得有较高的桌子，从此人们就离开了席子，不再席地坐，改为坐椅子、凳子了。家庭也罢，机关也罢，内部的陈设也随之而改变了。

人们的生活环境起了很大的变化，但是，根据席地而坐孳生的礼节，跪和拜却仍旧习惯地继承下来，坐和跪拜分了家，以此，跪和拜也就失去了原来生活上的意义，单纯地成为表示敬意和等级差别的礼节了。

由此看来，不是我们的祖先喜爱跪拜，而是由生活方式、物质条件决定的。辛亥革命以后，不止革了皇帝的命，也革了跪、拜的命，不是很好的说明吗？

古代的服装及其他：古代穿衣有讲究，穿错可能挨杀头

在封建社会里，也和今天一样，人人都要穿衣裳。但是，有一点不同，衣裳的质料、颜色、花饰有极大讲究，不能随便穿，违反了制度，就会杀头，甚至一家子都得陪着死。原来那时候，衣裳也是表示阶级身份的。

以质料而论，绸、锻、锦、绣、绢、绮等都是统治阶级专用的，平民百姓只能穿布衣。以此，"布衣"就成为平民百姓的代名词了，有些朝代还特地规定，做买卖的有钱人，即使买得起，也禁止着用这些材料。

以颜色而论，大红、鹅黄、紫、绿等染料国内产量少，得从南洋等地进口，价格很贵。数量少，价钱贵，色彩好看，这样，连色彩也被统治阶级专利了。皇帝穿黄袍，最高级的官员穿大红、大紫，以下的官员穿绿，皂隶穿黑。至于平民百姓，就只好穿白了，以此，"白衣"也成为平民百姓的代名词。

至于花饰，在袍子上刺绣或者织成龙、凤、狮子、麒麟、蟒、

仙鹤、各种各样的鸟等，也是按贵族、官僚的地位和等级分别规定的。平民百姓连绣一条小虫儿小鱼儿也不行，更不用说描龙画凤了。不但如此，在统治阶级内部，也有极大讲究，例如龙袍，只有皇帝才能穿，绣着凤的服装，只有皇后才配穿，即便是最大的官僚如穿这样的服装，就犯"僭用""大逆不道"的罪恶，非死不可。

北宋时有一个大官僚，很能办事，也得到皇帝信任。有一次多喝了一点酒，不检点穿件黄衣服，被人看见告发，几乎闯了大祸。

明太祖杀了很多功臣，其中有几个战功很大的，被处死的罪状之一是僭用龙凤服饰。

本来，贵族、官僚和平民都一样长着眼睛鼻子，一样黄脸皮，黑头发，一眼看去，如何能分出贵贱来？唯一区别的办法是用衣裳的质料、色彩、花饰，构成等级地位的标识；特别是花饰，官员一般在官服的前胸绣上动物图案，文官用鸟，武官用兽，其中又按品级分别规定哪一级用什么鸟什么兽，是一点也不能含糊的。这样，

明代的官服（《甲申十同年图》）

不用看面貌，一看衣裳的颜色和花饰就知道是什么地位的贵族，什么等级的官员了。当然，衬配着衣裳的还有帽子、靴子，例如皇帝的平天冠，皇后和贵族妇女的凤冠，官员的纱帽、朝靴，以及身上佩带的紫金鱼袋或者帽上的翎毛，坐的车饰，轿子的装饰和抬轿的人数，和住的房子的高度，间数多少，用什么瓦之类等。

在北京，许多旧建筑，主要是故宫，不是都盖的是黄琉璃瓦吗？这种房子只有皇帝才能住，再不，就是死去的皇帝，例如帝王庙。神佛也被优待，像北海的天王殿也用琉璃瓦，不过是杂色的。

为了确保专用的权利，历代史书上都有舆服志这一类的专门记录，在法律上也有专门的条款。

各个阶级的人们规定穿用不同的服装，住不同的房子，使用不同的交通工具，绝对不许乱用。遵守规定的叫合于礼制，反之就是犯法。合于礼制的意思，就是维护封建秩序。但是，也有例外，例如在统治阶级控制力量削弱的时候，富商大贾突破规定，乱穿衣裳，模仿宫廷和官僚家庭打扮，或者索性拿钱买官爵，穿着品官服装，招摇过市。至于农民起义战争爆发后，起义的人们根本不管这一套，爱穿什么就穿什么，那就更不用说了。

今天这些都已经成为历史上的陈迹了。宫殿、王府、大官僚的邸第还可以看到，只是已经变了性质，例如故宫和天王殿都成为博物馆，帝王庙办了中学，成为人民大众游览和学习的场所了。至于服装，除了在博物馆可以看到一些以外，人们还可在舞台上看到。

从幞头说起：古代头巾有几款？复杂数不清

人们自从脱离了原始、野蛮状态，物质生活不断提高，有了文化以后，没有例外，都要穿衣戴帽，这是常识，用不着多说的。但是，应该而且必须注意，随着时代的改变，生活习惯的改变，封建等级制度的建立，人们的服装是具有时代的特征的，不同时代的人们有着不同的服装，不同的民族也有不同的服装，服装是适应人们生活、工作的需要而不断改变的。

演出古代历史故事的话剧、电影，历史博物馆里的历史图画和历史人物画像，和以插图为主的历史连环画，附有插图的历史小丛书以及古代人物的塑像，等等，都牵涉到古代人物的服装问题，把时代界限混淆了，颠倒了，把不同历史时期的服装一般化了，都会使观众有不真实的感觉，效果是不会很好的。

京戏和昆剧的戏装大体分成两类，一类是清朝的，马褂、补服、马蹄袖、红缨帽等，表现了满族服装的特征。除此以外，清朝以前的服装则一概是汉人服装，官员戴纱帽，穿红、蓝袍，宽衣大袖；农民则一般都是穿短衣服，戴笠，或小帽；武将戴盔扎靠，这是符合于一般情况的。问题是这种服装把整个清朝以前的历史时期一般化了，不管什么时代的人物，都穿一样的服装。当然，观众也能够理解，这两个剧种的古代服装只能一般化，假如要求他们按每个不同时代的历史，分别制成不同时代的服装，这是不可能的，不合实际的。但是，也还有一个界限，那便是满汉的服装不容混淆，假如让汉、唐、宋、明的人物穿上清朝的服装，那就会哄堂而散，唱不成戏。

话剧、电影等对服装的要求就要比京戏和昆剧严格些，因为话剧、电影并不像京戏、昆剧那样有固定的服装，而是随故事需要特制的，既然是为了表现历史真实性而特制，那就不可以一般化，或者颠倒时代了。至于历史人物的图画、雕塑等，根本无需制造服装的费用，标准自然更应该严格一些了。

话剧、电影、历史图画等的历史人物的服装，必须能够表现某个特定历史时期的特征，这个要求是合理的，不应该有不同意见的。但是，在具体工作中，由于对某个时代的了解不够深，服装的发展、变化缺少研究，也往往出现一些一般化以至颠倒时代的现象。

有关服装的问题很多，不能都谈，这里只举幞头作例。

幞头就是帕头，古代汉人留着长头发，为着生活和工作的方便，用一块黑纱或帛、罗、缯等裹住头，不让头发露在外面，正像现在河北农民用一块白毛巾包头一样，是上上下下都通行的一种生活习惯。也叫作巾或幅巾或折上巾的。裹头时裹得方方正正，四面有角。到南北朝时，周武帝为了便于打仗，把裹头的方法改进了，用皂纱全幅，向后束发，把纱的四角裁直，叫做幞头。看来有点像现在京戏里太平军的装束。

唐太宗制进德冠，赐给贵臣，并且说：幞头起于周武帝，是为了军中生活的方便的。现在天下太平，用不着打仗了，这个帽子有古代风格，也有点像幞头，可以常用。可是进德冠似乎并不受欢迎，当时人还是用幞头，大臣马周还加以改革，用罗代绢，式样也有所改变，百官和庶民都喜欢戴它。武则天时赐给臣下巾子，叫作"武家样"，又有高头巾子。唐玄宗时有"内样巾子"。裴冕自制巾子，名为"仆射巾"。这些幞头都是软的，太监鱼朝恩作观军容使，嫌软的不方便，斫木作一山（架）子在前衬起，叫作军容头，一时人都学他的样子。

幞头四角有脚，两脚向前，两脚向后。唐朝中期以后，皇帝们弄两根铁线，把前两脚拉平，稍向上曲，成为硬脚，从此，这种样式的幞头，就成为皇帝的专用品，一般官员和平民都不许服用了。宋朝朱熹所见唐玄宗画像，戴的幞头两脚还很短，后来便越来越长了。唐朝末年，在农民大起义的斗争浪潮中，宦官、宫娥来不及每天对镜装裹，想出简便的法子，用薄木片作架子，纸绢作衬里，做成固定的幞头，随时可以戴上。五代时帝王多用"朝天幞头"，两脚上翘。各地方军阀称王称帝的也多自创格式，有的两脚翘上又反折于下，有的做成团扇、蕉叶模样，合抱于前。蜀孟昶改用漆纱。
湖南马希范的幞头两脚左右长一丈多，叫作龙角。刘知远作军官
时，幞头脚左右长一尺多，一字横直，不再上翘，以后的幞头，就
以此为规格，变化不大了。

乌纱帽　　　　交脚幞头　　　　展脚幞头

各种形制的幞头

幞头唐末用木胎，到宋朝改用藤织草巾子为里，用纱蒙上，再
涂以漆。后来把藤里去了，只用漆纱，用铁平施两脚，便越发轻便
了。据沈括的记录，当时幞头分直脚、局脚、交脚、朝天、顺风五
种，其中直脚（也叫平脚）一种是贵贱通用的。幞头的脚不管平、
交，都是向前的，到北宋末年，又改而向后。到明朝初年，幞头有
展脚（即平脚）、交脚两种，成为官员公服所必需的一项东西了。

幞头的出现，是由于现实生活的需要。宋儒胡寅叙述幞头的历
史意义说：从周武帝开始用纱幞，成为后代巾、帻、朝冠的起源。

古代宾礼、祭礼、丧礼、燕会、行军所戴的帽子各有不同，纱幞一出来，这些帽子便都废了。从用纱到加漆，两带上结，两带后垂，后来又把垂的两带左右横竖，顶则起后平前，变化越来越多了。朱熹也曾和他的学生讨论过幞头的历史发展，并说漆纱是宋仁宗时候开始的。明李时珍则以为幞头是朝服（官员的制服），周武帝始用漆纱制造，到唐朝改成纱帽，一直沿用到明朝。他把幞头和纱帽看成一样东西，从《图书集成》的插画幞头公服、展脚幞头、交脚幞头、乌纱帽对比看来，确是一个系统，李时珍的话是可信的。

幞头的历史发展，从北周到明这一长时间的历史时期，变化是很多的。假如不问青红皂白，颠倒前后，让南北朝以前，周秦两汉魏晋的人们戴上平脚幞头，能够不说是历史错误吗？或者把唐代后期帝王专用的直脚上翘的幞头，混淆为官僚庶民通用，那也是不可以的。

无论历史戏剧、图画、雕塑，当然，最主要的是内容要反映历史时期的真实性，但形式也不可以不讲究，因为内容尽管符合于客观历史实际，但是形式的表现却是虚构的、以后拟前的、一般化的、违背历史实际的，就会收到不好的效果，这一点我看戏剧家们、艺术家们、雕塑家们是必须注意的。

关于古代服装的记载是很多的，留传到今天的古代的人物画、壁画、墓葬壁画、砖画也很不少。组织人力，从事于古代服装发展、变化的研究，进一步建立服装博物馆，用穿着各个历史时期不

205

同的服装的蜡人表演历史故事，对广大人民进行历史教育；为历史
戏剧、历史电影、历史图画的创作提供参考资料，也为吸取古代优
美的文化传统，改进、美化今天人民的服装，提供历史基础，我看
是值得做的一件好事。

度牒：宋朝和尚特权多，出家还得花大钱

《水浒传》第四回写鲁达三拳打死了镇关西以后，从渭州（今甘肃平凉）逃到代州雁门县（今山西雁门），因为官府画影图形，到处张贴榜文，缉捕很急，只好在五台山出家当了和尚，起个法名叫鲁智深。从此，寺院里多了一个和尚，在俗世却少一个犯罪逃亡的军官，打死镇关西这一案子由于无处追查，便此了结。

在鲁达出家之前，赵员外对他说"已买下一道五花度牒在此"。照常理说，度牒是出家人的身份证，应该由替他剃度的寺院填给，怎么鲁达在没有出家之前，赵员外的家里就买了一道度牒呢？而且度牒既是出家人的身份证，又怎么可以买卖呢？卖主又是谁呢？

原来在宋朝，度牒是可以买卖的，卖主是宋朝中央政府。公元1067年宋朝政府开始出卖度牒，一直卖到宋亡。在这两百年中，卖度牒所得的钱在政府收入中占有重要地位。一道度牒的价格因时因地不等，如宋神宗时官价每道卖钱一百三十千，但在夔州路则卖到

三百千,广西路则卖到六百五十千。[①]

当时中原一带米价每斗不过七八十文至一百文。[②]每道度牒折合米约在一百三四十石以上。南宋时每道度牒卖钱一百二十贯至八百贯或折米一百五十石至三百石。[③]

度牒这样贵,什么人才能买得起?当然只有财主赵员外那样的人了。

买了度牒,只能出家当和尚、当道士,有什么好处?花这么多钱出家,说明当时的老百姓,以至部分地主,不如当和尚、道士好。老百姓不必说了,宋代人民负担特别重。和尚、道士吃十方,寺院有田产,当了和尚、道士就不必服兵役、劳役,不出身丁钱米和其他苛捐杂税,逃避了政府的剥削,吃一碗现成饭,成为不劳而食的合法的游民。

地主呢?虽然对农民来说,他是剥削者,很神气。但在地主阶级内部来说,也有矛盾。因为地主也有官民之分,地主而又作了官的就有权有势,是官户。至于非官户的地主,为了保全身家财产,得想尽一切办法巴成官户,要子弟读书中进士作官,如不行,也得出钱买官告,成为名义上的官户,当时官告也可以用钱买,但比度

---

① 《宋会要稿》六七、一四〇。
② 李焘:《续资治通鉴长编》二五一、二五二;《宋会要稿》一二二。
③ 《宋会要稿》六二、九六;朱熹:《朱文公集》一六。

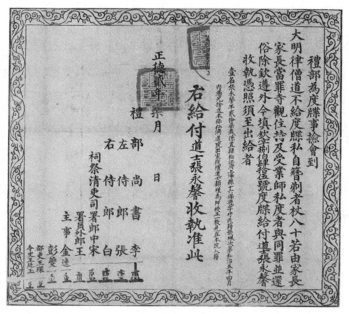

保存至今的明代度牒

牒更贵。再不，就买张度牒也好。因为寺院田产是可以免租赋的。[①]

此外，还有许多好处，如和尚、道士在法律上受优待，宋代法律："僧尼道士女冠，文武官七品以下者，有罪许减赎。"[②]

如果犯了杀人大罪，出家更是逃避法律制裁的有效手段。古时候还不会照相，一般人都留长头发，缉拿榜文上只能说这人脸黄脸黑，有须无须，像鲁达那样的军官，剃了头发、胡子，改穿袈裟，

---

① 赵翼：《廿二史劄记》一九；俞正燮：《癸巳类稿》一三。
② 李焘：《续资治通鉴长编》九七。

离开了本乡本土，外地生人便很难辨认出来了。又如同书武松在鸳鸯楼杀了十五条人命，在十字坡菜园子张青家得了一张年龄像貌相当的度牒，便剪了头发，披在脸上遮盖刺的金印，装作行者模样，一路上二龙山去落草。虽然到处张挂榜文要逮捕他，可是"武松已自做了行者，于路却没人盘诘他"。可见有了度牒，就可以化装，使人辨认不出，对杀人犯罪来说是很顶事的。

正因为如此，度牒有广大的销路，宋朝政府就大卖度牒，成为生财之道。不但出卖，有时候还要强迫摊派呢。

北宋的度牒是雕版用黄纸印的。到南宋建炎三年（公元1129年）才改用绫绢织造，织造的机关是少府监文思院，和织造官告同一个地方。《水浒传》所说的五花度牒，实际上是南宋的事。

从买度牒这一件事来说，《水浒传》是真实地反映了宋代的历史事实和阶级矛盾的。

古人读书不易：上学不但没课本，还得想法自个抄

古代人读书很不容易，因为在印刷术和纸没有发明之前，一般人是读不起书的。第一，书很贵重，得用手抄写在竹简或者木牍上，一片竹简、木牍写不了多少字，几部书就装满了好几车子，有人说"学富五车"，说的是念的书超过五部车子装的简牍，其实用今天的眼光看，五个车子的书并不怎么多。孔子念书很用功，"韦编三绝"，韦是皮带子，竹简、木牍用皮带子拴起来，才不致于乱。这种书是用绳子编起来的，所以叫作编。读得多了，把皮带都翻断了三次，是形容他老人家非常用功，对一部书反复阅读，熟读精读的意思。一句话，这样贵重的书，普通人是读不起的。后来人们把书写在帛上，卷成一卷一卷的，所以一部书又分作若干卷。帛也很贵，只有有钱的人才抄得起。到了纸发明了，虽然便宜些，但是还得手抄，抄一部书很费事，抄很多部书就更麻烦了，一般人还是抄不起。用纸写的书，可以装订成册，所以书又有册的名称。第二，有了书，还得有人教，古代学校很少，而且也只有贵族官僚子弟才能上学。虽然有些私人讲学的，但也要交学费（束脩），交不起的

人还是上不了学。第三，因为书贵，书少，一个学校的学生就不可能人人都有书，只能凭老师口授，自己笔记，这样，学习的时间就要长一些，靠劳动才能生活的人们，读书便更不容易了。

总之，由于物质条件的限制，古代人读书，尤其要读很多书是很困难的。也正因为这样，读书也有阶级的限制，贵族官僚子弟读书容易，平民子弟读书困难，知识被垄断了，士排列在农、工、商之前，就是这个道理。

到了印刷术发明以后，书籍成为商品，可以在书店里买到了，但是，还是有限制，穷人买不起书，更买不起很多书。穷人要读书，得想法借，得自己抄，还是很困难。例如十四世纪时，书已经成万部地印出来了，各大城市都有书肆，但是穷人要读书，还是非常艰苦。明初有名的学者宋濂，写了一篇《送东阳马生序》，讲他自己读书的艰苦情况说：

我小的时候，就喜欢研究学问，家里穷，弄不到书，只好到有书的人家借，亲自抄写，约定日子还。大冷天，砚都结冰了，手指冻得弯不过来，还是赶着抄，抄完了送回去，不敢错过日子。因为这样，人家才肯借书给我，也才能读很多书。到成年了，越发想多读书，可是没有好老师，只好赶到百多里外，找有名望的老先生请教。老先生名气大，学生弟子挤满一屋子，很讲派头。我站在旁边请教，弓着身子，侧着耳朵，听他教诲。碰到他发脾气，我越发恭谨，不敢说一句话，等他高兴了，又再请教。以此，我虽然不很聪明，到底还学了一些知识。当我去求师的时候，背着行李，走过深山巨谷，冬天大风大雪，雪深到几尺，脚皮都裂了也不知道，到了客栈，四肢都冻僵了，人家给喝了热水，盖了被子，半天才暖和过来。一天吃两顿，穿件破棉袍，从不羡慕别人吃得好，穿得好，也从不觉得自己寒伧。因为求得知识是最快乐的事情，别的便不理会了。

宋濂是在这样艰苦情况之下，经过努力，攀登学问的高峰的。他在文章的后面，劝告当时的学生说：

你们现在在太学上学，国家供给伙食、衣服，不必挨饿受冻了。在大房子里念书，用不着奔走求师了。有司业、博士教你们，不会有问了不答、求而不理的事情了。要读的书都有了，不必像我那样向人借来抄写。有这样条件，还学不好，要不是天资差，就是不像我那样专心、用功。这样好条件，还学不好，是说不过去的。

这一段话，我读了很动心。今天，我们学习的条件，比宋濂所劝告的那些学生的时代，不知道要好多少倍，要是不努力，学不好，我看，也是说不过去的。

213